JN294211

単位が取れる 電気回路ノート

田原真人
Tahara Masato

講談社

まえがき

　電気製品の裏蓋を開けると，そこに「複雑な電気回路」を見出すことができます。たくさんの配線からなる回路，あるいは基盤にびっしりと焼きつけられた回路は，とても込み入っています。

　一方，その複雑な回路を理解したり，設計したりする私たちの脳も神経回路と呼ばれる複雑なネットワークから構成されています。複雑な神経回路なら，複雑な電気回路を簡単に理解できそうなものですが，実際には，私たちの脳は「単純なもの」しか理解することができません。複雑なものを複雑なままに理解することはできないのです。そこで，「複雑な回路」を「単純なもの」へと変換することが重要になってきます。

　本書では，「複雑な電気回路」を「単純なもの」へと解きほぐすための技術を学びます。そのためには，次のようなことに着目するとよいです。

（１）どんな回路でも必ず成り立つ普遍的な性質。
（２）複雑な回路を，単純な回路へ変形するための方法や工夫。
（３）複雑な回路を，いくつかの単純な回路へ分解する方法。

　どんなに複雑な回路であっても，回路方程式を立てることができれば，電流分布，電圧分布などを求めることができます。ですから，常に原理である回路方程式から出発します。しかし，例えば10個の回路方程式を連立して解くような場合を考えてみてください。連立方程式を解けば，確かに解を得ることはできますが，それでは，「分かった！」という感覚を得られないことでしょう。私たちの脳が理解するには，複雑すぎるからです。そこで，インピーダンスを合成したり，等価回路で置き換えたりして，回路を単純なものに変形しようと試みます。その試みがうまくいって，2個の回路方程式で表されるようになったとすれば，「分かった！」という感覚が得られることでしょう。また，もしかしたら，「その回路は，単純な回路5個を重ね合わせたものである」ということが明らかになるかもしれません。その場合でも，充分に「分かった！」という感覚を得ることができるでしょう。回路を単純化できない場合でも，常に成り立つ単純な性質を抽出することができれば，

部分的ではあっても,「分かった！」という感覚を得られるでしょう。つまり，私たちが目指すのは，複雑な回路の中に，理解可能な単純な構造を見出すことなのです。本書で登場するさまざまな定理や法則，導入される概念の多くは，そのために考え出されたものです。

　もう1つ，重要な基本方針があります。それは，

（4）共通性に着目する

ということです。電気回路には直流回路と交流回路とがありますが，最初は，それらは異なる性質をもった別のものに見えます。ところが，複素数を導入すると，「ここから見れば同じだ！」という視点を獲得することができます。そして，直流回路と交流回路を区別せず，「電気回路」として共通に扱うことができるようになります。「異なるもの」を「同じもの」として理解するためには，抽象度を上げる必要があります。複素数を用いて交流回路を扱う方法は抽象レベルが高く，はじめは理解しにくいものかもしれません。しかし，その結果得られるものは，直流回路と交流回路とを同じものとして共通に捉えることができるとても見晴らしのよい景色です。この景色を皆さんに見てもらうことは，本書の目標の1つです。

　物理の勉強は，部分の理解と全体の理解とが相互作用しながら進んでいくものです。最初に読むときは，あまり詳細にこだわらずに通読し，ストーリーを理解することを目指してください。そして，全体像を大まかに掴んだら，今度は，実際に手を動かして計算しながら精読してください。各部分が大きなストーリーの中でどのような役割を果たしているのかということを意識すると，その部分を理解しやすくなります。また，正確に理解した部分が集まることによって，全体のストーリーに対する理解が明確になります。部分の理解と全体の理解とはお互いに支え合う関係なのです。

　本書は，電気回路の入門書です。皆さんが，本書を通じて電気回路の面白さに目覚め，さらなる学習へと発展していくとしたら，とても嬉しいです。

2012年3月

田原真人

目次

単位が取れる電気回路ノート
CONTENTS

PAGE

講義 01　基礎電気量　　10

1.1　電荷……10
1.2　電流……10
1.3　電池……11
1.4　電力……11

講義 02　回路要素　　15

2.1　電気抵抗……15
2.2　コンデンサ（キャパシタ）……16
2.3　コイル……19

講義 03　直流回路　　22

3.1　抵抗の直列接続……22
3.2　抵抗の並列接続……23
3.3　抵抗のコンダクタンス……25
3.4　電源の等価回路……27

講義 04　回路方程式　　32

4.1　キルヒホッフの第1則（電流連続の法則）……32
4.2　キルヒホッフの第2則（電圧平衡の法則）……33
4.3　回路方程式（ブランチ電流法）……35
4.4　回路方程式（ループ電流法）……36

4.5　回路方程式（ノード電圧法）……37

講義 05　直流回路網の諸定理1　39

5.1　ブリッジ回路の平衡条件……39
5.2　Δ-Y 変換……40
5.3　ミルマンの定理……43

講義 06　直流回路網の諸定理2　48

6.1　線形回路……48
6.2　重ね合わせの理……48
6.3　鳳・テブナンの定理……52
6.4　ノートンの定理……54

講義 07　正弦波交流の基礎　58

7.1　正弦波交流……58
7.2　正弦波交流の基本量……58
7.3　実効値……60

講義 08　素子の交流特性　64

8.1　抵抗の交流特性……64
8.2　コンデンサの交流特性……65
8.3　コイルの交流特性……68

講義 09　インピーダンス　71

9.1　インピーダンス……71
9.2　並列交流回路……72
9.3　直列交流回路……73

講義 10　複素数の基礎　78

10.1　複素数……78

10.2　複素平面……78
10.3　フェーザ……79
10.4　複素数の掛け算・割り算……80
10.5　複素共役……82
10.6　オイラーの公式……83
10.7　複素数の微分・積分……83

講義 11　正弦波交流の複素数表示　86

11.1　正弦波交流を複素数で表す……86
11.2　抵抗値・リアクタンスを複素数へ拡張する……87

講義 12　正弦波交流のフェーザ表示　92

12.1　正弦波交流のフェーザ表示……92
12.2　素子のフェーザ表示……93

講義 13　複素インピーダンスとアドミタンス　96

13.1　複素インピーダンス……96
13.2　アドミタンス……98

講義 14　Q 値と共振　104

14.1　Q 値……104
14.2　直列共振回路……105
14.3　並列共振回路……109

講義 15　フェーザ軌跡と角周波数特性　115

15.1　フェーザ軌跡……115
15.2　直列交流回路の角周波数特性……117
15.3　並列交流回路の角周波数特性……120

講義 16 相互誘導回路　125

16.1　相互誘導……125
16.2　相互誘導回路……128
16.3　T形等価回路……130

講義 17 交流電力　134

17.1　電力の定義……134
17.2　交流電力の複素数表示……137
17.3　無効電力の物理的意味……138
17.4　交流電力の計算……139

講義 18 3相交流　143

18.1　単相交流と多相交流……143
18.2　対称3相交流……144
18.3　対称3相交流電圧……146
18.4　対称3相交流電流……147

講義 19 対称3相交流回路　150

19.1　3相負荷インピーダンス……150
19.2　対称3相Y接続交流回路……151
19.3　対称3相Δ接続交流回路……153

講義 20 対称3相交流回路の電力　157

20.1　対称3相交流の瞬時電力……157
20.2　対称3相交流の有効電力……160

講義 21 線形回路のノード解析　164

21.1　グラフの基礎……164
21.2　キルヒホッフの第1則を既約接続行列で表す……166

21.3 キルヒホッフの第2則を既約接続行列で表す……167
21.4 ノード解析……169
21.5 テレヘンの定理……172
21.6 相反定理……173

講義 22 線形回路のループ解析 178

22.1 基本ループ行列……178
22.2 キルヒホッフの第2則を基本ループ行列で表す……179
22.3 ループ解析……180

講義 23 2端子対回路 185

23.1 2端子対回路……185
23.2 インピーダンス行列（Z行列）……186
23.3 アドミタンス行列（Y行列）……188
23.4 対称性……189

講義 24 ハイブリッド行列と縦続行列 193

24.1 2端子対回路の接続方法……193
24.2 ハイブリッド行列（H行列）……193
24.3 縦続行列（F行列）……199
24.4 2端子対パラメータのまとめ……203

講義 25 2端子対回路の接続 207

25.1 計算が楽になるってどういうこと？……207
25.2 2端子対回路の直列接続……208
25.3 2端子対回路の並列接続……209
25.4 2端子対回路の直並列接続……210
25.5 2端子対回路の並直列接続……211
25.6 2端子対回路の縦続接続……212

講義 26　過渡現象（RC 回路・RL 回路）　217

26.1　RC 回路の回路方程式を解く……217
26.2　RL 回路の回路方程式を解く……219

講義 27　LC 回路と RLC 回路　225

27.1　LC 回路は単振動……225
27.2　RLC 回路は減衰振動または過減衰……227

講義 28　分布定数回路の基礎方程式　233

28.1　伝送線路の性質……233
28.2　分布定数回路の基礎方程式……234
28.3　無損失分布定数回路の波動方程式……239

講義 29　分布定数回路の定常解析　242

29.1　正弦波交流の分布定数回路……242
29.2　電圧波と電流波……245
29.3　無限長線路の場合……248
29.4　境界点における反射と透過……250
29.5　有限長線路の場合……251

索引……254

ブックデザイン──**安田あたる**
本文図版作成──**TSスタジオ**

講義 LECTURE 01 基礎電気量

電流が常に同じ向きに流れるのが直流回路です。まずは，基本的な用語や概念を確認するところからはじめましょう。

1.1 電荷

陽子や電子のような素粒子がもっている電気量を**電荷**といいます。金属内には正の電荷をもつ原子核と負の電荷をもつ電子が存在しています。例えば，**図 1.1**のように，電池と豆電球とを導線でつなぐと，電池の負極から正極の向きに導線内を自由電子が移動し，豆電球のフィラメントで熱や光が発生します。

図 1.1 ● **自由電子が移動すると豆電球が光る**

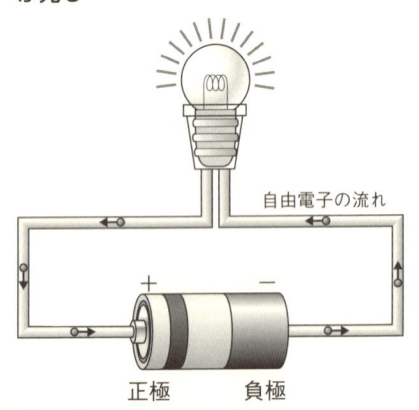

1.2 電流

正電荷をもつ金属原子核は金属内で固定されていて，実際に移動するのは負電荷をもつ自由電子です。でも，**電流は，単位時間に断面を通過する正電荷の量**と定義されているので，電流の向きは，自由電子が移動する向きの逆向きになります（**図 1.2**）。

図 1.2 ● **自由電子の動きと電流の向き**

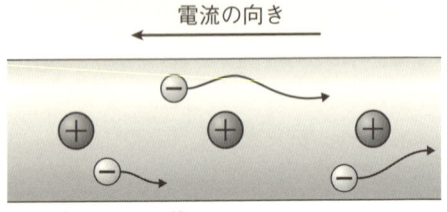

電磁気学を勉強するときは，自由電子の動きを考える必要がありますが，電気回路を学ぶときは，自由電子の動きに立ち入らず，**図1.3**のように，「**電流の向きに正電荷が流れている**」というようにイメージしてしまっても問題ありません。そのほうが，分かりやすいので，本書では，電流を正電荷の流れとして考えていくことにします。電流の大きさは単位時間に断面を通過する正電荷の量で表し，**アンペア**（$[A]=[C/s]$）という単位で表します。

図1.3●電流を正電荷の流れとしてイメージする

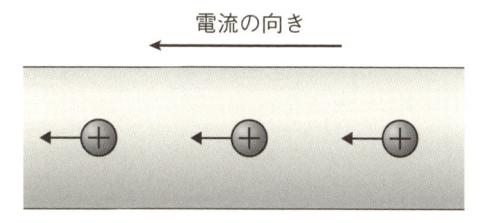

1.3 電池

次に，**電池**が供給するエネルギーについて考えます。電池の**起電力**をE〔V〕とすると，電池では負極に比べて正極がE〔V〕だけ高電位になっていて，電荷は電池によって低電位から高電位へ持ち上げられます。電位が低いところから高いところへ電荷を持ち上げるのですから，電池は正の仕事をします。電位というのは1〔C〕あたりの位置エネルギーですから，**図1.4**のように，電池の中に「電池君」がいて，1〔C〕の正電荷が電池を通過するたびに，電池君がE〔V〕だけ持ち上げると，E〔J〕の仕事をします。「よいしょ！」と電荷を持ち上げているとイメージすると分かりやすいですね。

電池がする仕事の源は，例えば乾電池のような化学電池なら化学反応によって生じる化学エネルギーです。化学エネルギーを消費することにより電荷を持ち上げるわけです。

図1.4●電池君が電荷を持ち上げる！

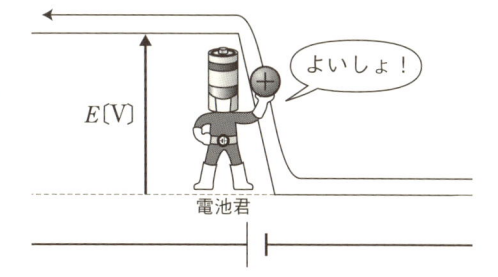

1.4 電力

「電池君」によって，次々と電荷が持ち上げられると回路に電流が流れることになります。「電池君」が1〔C〕の電荷をE〔V〕だけ持ち上げるとE〔J〕

図 1.5 ● 電池君が 1 秒間にする仕事

1 秒間に電池君が持ち上げた電荷 = I〔C〕

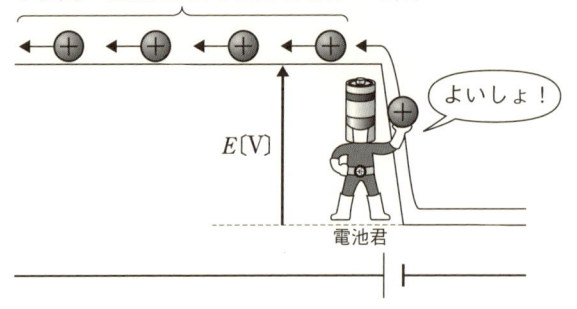

E〔V〕

よいしょ！

電池君

の仕事をするので，10〔C〕の電荷を持ち上げると 10 倍の $10E$〔J〕になります。**図 1.5** のように，回路に I〔A〕の電流が流れているとすると，電流の定義より 1 秒間に I〔C〕の電荷が電池を通過するので，電池が 1 秒間にする仕事 P は，以下のようになります。

$$P = I〔A〕 \times E〔V〕 = IE〔W〕$$

電源がする単位時間あたりの仕事を**電力**といい，**ワット**（〔W〕）という単位で表します。〔W〕=〔J/s〕という関係があります。

では，10 秒間に電池がした仕事を求めるにはどうしたらよいでしょうか。1 秒間あたりの仕事が P〔W〕と求まっていれば，それを 10 倍すればいいですよね。このように，電力 P が一定のときは，電力に時間 t をかけることで，電源がその時間にした仕事の総量 W を求めることができます。

$$W = Pt〔J〕$$

このようにして求めた W〔J〕を**電力量**といいます。電力量の単位は**ジュール**（〔J〕）です。ただし，このように電力量を電力と時間との積で簡単に計算できるのは電力が一定のときだけで，電力が一定でない場合は時間で積分して求める必要があります。時刻 t における電力を p〔W〕（これを**瞬間電力**といいます）とすると，時刻 t_1 から t_2 までに供給される電力量 W〔J〕は，次のようになります。

$$W = \int_{t_1}^{t_2} p\,dt〔J〕$$

また，1〔W〕の電力で 1 時間供給したときの電力量を 1〔Wh〕（**ワット時**）

と表します。ワット時とジュールとの間には次の関係があります。

$$1[Wh] = 1 \times 60 \times 60 = 3600[J]$$

1分は60秒　1時間は60分

演習問題 1.1 ある導線中を10[A]の一定電流が30[s]流れたら，導線の断面を通過した電荷量は何[C]か。

解答&解説　1[s]に導線の断面を1[C]の電荷量が通過したときに流れる電流が1[A]だから，10[A]の電流が30[s]流れたときに導線の断面を通過する電荷量は，

$$10 \times 30 = 300[C] \quad \cdots\cdots \text{（答）}$$

演習問題 1.2 電圧$V=100$[V]で電力$P=400$[W]の電熱器がある。この電熱器に流れる電流Iを求めよ。

解答&解説　電力Pと電圧V，電流Iとの間には，

$$P = VI$$

の関係があるから，

$$I = \frac{P}{V} = \frac{400}{100} = 4[A] \quad \cdots\cdots \text{（答）}$$

演習問題 1.3 電力 500〔W〕の電熱器がある。この電熱器 3 個を，毎日 4 時間ずつ 10 日間使用したときの使用電力量を求めよ。

解答&解説 1 個の電熱器が 1 秒間あたりに使用する電力量が 500〔J〕なので，4 時間では，

$$500 \times \underset{\text{分}}{60} \times \underset{\text{時間}}{60} \times 4 = 7200000 〔J〕$$

10 日間では，

$$7200000 \times 10 = 72000000 〔J〕$$

電熱器が 3 個あるので，

$$72000000 \times 3 = 216000000 〔J〕= 2.16 \times 10^8 〔J〕 \cdots\cdots（答）$$

単位をワット時で表すと以下のように計算が簡単になります。

$$500 \times \underset{\text{時間数}}{40} \times 3 = 20000 〔Wh〕$$

講義 LECTURE 02 回路要素

　電気回路を構成する素子である抵抗，コンデンサ，コイルについて学びましょう。各素子の電圧がどのように表されるのか，消費電力や蓄えるエネルギーがどのように表されるのかを理解してください。

2.1 電気抵抗

電圧 V〔V〕を加えたときに，常に V に比例する電流 I〔A〕が流れ，

$$V = RI$$

と表されるような素子を**電気抵抗**といいます。また，この関係を**オームの法則**といいます。比例定数 R を**抵抗**といい，単位を**オメガ**（〔Ω〕）で表します。抵抗の両端の電圧のことを**電圧降下**と呼ぶこともあります。

　電気抵抗を流れる電流の上流側と下流側とを比べると，下流側のほうが電位が低くなります。パチンコ玉を坂道で転がしたときは，位置エネルギーが運動エネルギーに変わってパチンコ玉の速さが増加しますが（**図2.1**），一定の電流が流れているときは，導線のいたるところで電荷が移動する速さは等しいので，正電荷が抵抗 R〔Ω〕を通過して電位の坂道を下っても電荷の運動エネルギーは増加しません。では，その分のエネルギーはどこへ行ってしまうのでしょうか。

　実は，そのエネルギーは自由電子と金属イオンとの衝突などによって生じ

図2.1●パチンコ玉が転がると運動エネルギーを得る

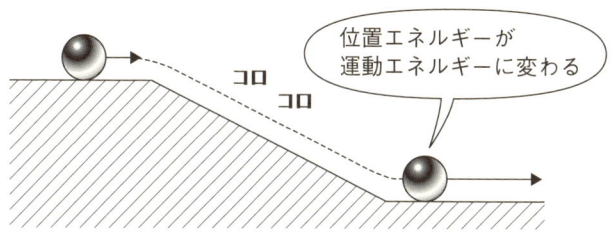

図2.2 ● 抵抗を電荷が通過すると熱が発生する

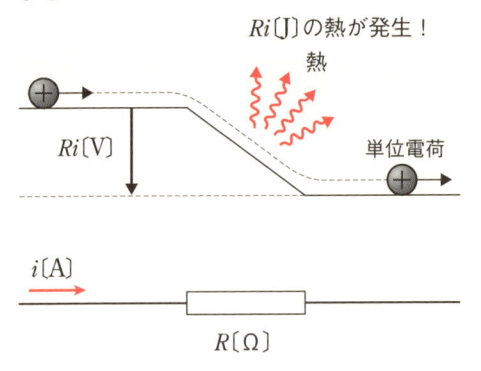

Ri〔J〕の熱が発生！

熱

Ri〔V〕　単位電荷

i〔A〕

R〔Ω〕

る熱振動のエネルギーとして回路の外に放出されてしまいます。**図2.2**のように，単位電荷（1〔C〕の正電荷）が抵抗を通過すると，回路はRi〔J〕だけ熱が発生します。この熱を**ジュール熱**といいます。

次に，抵抗で消費される電力（**消費電力**）を求めてみましょう。電流の定義を思い出してください。電流は「単位時間に断面を通過する正電荷の量」と定義されているので，抵抗にi〔A〕の一定電流が流れるときは，単位時間あたりi〔C〕の電荷が抵抗を通過します。単位電荷が通過すると，電圧降下と等しいRi〔J〕の熱を発生するのですから，i〔C〕の電荷が通過するときは，そのi倍になります。よって，単位時間に抵抗で消費されるエネルギー（消費電力）Pは，

$$P = i \cdot Ri = Ri^2 〔W〕$$

（抵抗を通過した電気量）（電圧降下）

となります。

2.2 コンデンサ（キャパシタ）

図2.3のように2枚の導体板を，絶縁体を隔てて向き合わせて平行に置き，各導体板に電荷$+q$〔C〕，$-q$〔C〕を与えると，正電荷から負電荷の向きに電界が生じ，導体板の間には電荷qに比例した電圧が生じます。このような装置を**コンデンサ（キャパシタ）**といいます。

コンデンサの両端に生じる電圧をvとすると，vはコンデンサに蓄えられ

図2.3● コンデンサ（キャパシタ）

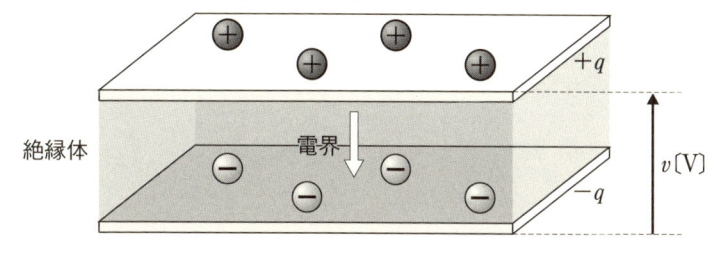

た電荷 q に比例するので，比例定数を $\dfrac{1}{C}$ として，

$$v = \dfrac{q}{C} \text{[V]}$$

となります。ここで登場した C を**静電容量（キャパシタンス）**と呼び，**ファラド**（[F]）という単位で表します。

$C = \dfrac{q}{v}$ と表せるので，[F] $= \dfrac{\text{[C]}}{\text{[V]}}$

電気回路の素子として静電容量 C[F] のコンデンサが使われる場合は，**図2.4**のように電圧降下 $v = \dfrac{q}{C}$ の素子として扱います。

図2.4● コンデンサの電圧降下

ところで，なぜ，わざわざ比例定数を逆数にして定義するのでしょうか。それは，コンデンサが電気を蓄える容器としてイメージされるところからきています。コンデンサのイメージは，**図2.5**のような底面積 C のビーカーをイメージするとつかみやすいです。ビーカーに入っている液体の体積が電荷 q[C]，液面の高さが電圧 v[V] に相当します。静電容量（＝底面積）

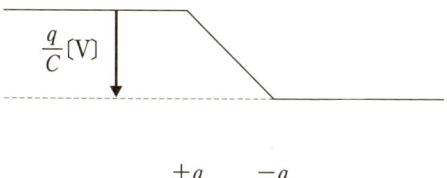

図2.5● コンデンサをビーカーでイメージする

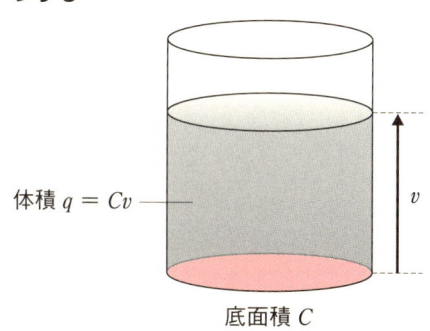

体積 $q = Cv$

底面積 C

講義02● 回路要素　**17**

図 2.6 ● 静電容量が大きいと電圧が変化しにくい

「なかなか水位が上がってこないよ！」

「うわ！あふれた！」

静電容量が大　　　　静電容量が小

が大きいと，同じ電荷を帯電させても電圧（水位）の変化が小さくなります。これは，**図 2.6** のような直径 10〔m〕くらいある巨大ビーカーに水を注いでいったときに，なかなか水位が上昇しないことを思い浮かべれば納得できますよね。

　帯電していないコンデンサに電荷を少しずつ蓄えていくためには，正電荷を低電位から高電位へ移動させなくてはならないので正の仕事が必要になります。その結果，帯電しているコンデンサは，その仕事の分のエネルギーを蓄えることになります。コンデンサに蓄えられているエネルギーを**静電エネルギー**といいます。

　コンデンサの電荷が q〔C〕のときの電圧 v が

$$v = \frac{q}{C} \text{〔V〕}$$

ですから，単位電荷を移動させるのに必要な仕事は $\frac{q}{C}$〔J〕になります。よって，微小電荷 Δq〔C〕を移動させるのに必要な仕事 ΔW〔J〕は，次のようになります。

$$\Delta W = \Delta q \cdot \frac{q}{C} \text{〔J〕} \tag{1}$$

電荷を 0 から Q まで移動させたときの仕事は，式(1)の微小仕事を積分して求めることができます。その仕事が静電エネルギーと等しいので，それを U とおくと，次のようになります。

$$U = \int_0^Q \frac{q}{C} dq = \frac{Q^2}{2C} \text{(J)}$$

2.3 コイル

図 2.7 のように導線を巻いたものを**コイル**といいます。コイルに電流を流すと電流に対して右ねじの向きに磁束が生じ，電流が変化するとその変化率に比例した逆起電力が発生します（詳しくは電磁気学で学びます）。

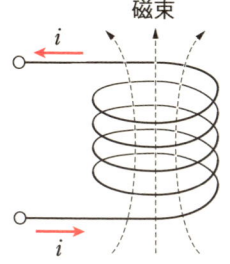

比例定数を L とすると，コイルに生じる逆起電力 v は，コイルに流れる電流 i (A) の向きを正として，次のようになります。

$$v = -L\frac{di}{dt}$$

この比例定数 L を**自己インダクタンス**，または**インダクタンス**と呼びます。単位は**ヘンリー**（(H)）です。

$L = -v\dfrac{dt}{di}$ と表せるので，(H) = (V·s/A)

電気回路でコイルを扱うときには，図 2.8 のように，「電流の逆向きに $L\dfrac{di}{dt}$ の起電力をもつ電池」と見なすことができます。電流が増加している（$\dfrac{di}{dt} > 0$）とき，コイルは増加を妨げる向きに起電力を生じ，電流が減少している（$\dfrac{di}{dt} < 0$）とき，コイルは電流を流し続けようとする向きに起電力を生じます。つまり，常に電流の変化を妨げる向きに起電力を生じるのがコイ

図 2.7 ● コイル

図 2.8● コイルに生じる逆起電力

$L\dfrac{di}{dt}$ [V]

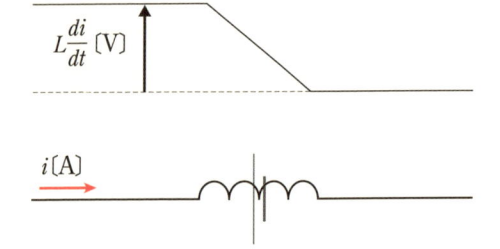

i [A]

図 2.9● 充電と磁気エネルギーは似ている

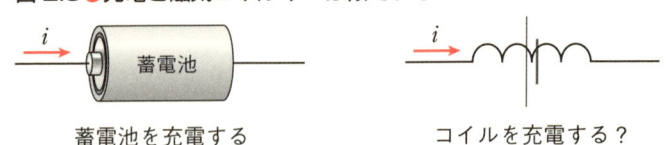

i 蓄電池

蓄電池を充電する

i

コイルを充電する？

ルの性質です。

　図 2.9 のように，蓄電池に対して起電力の逆向きに電圧をかけて電流を流せば，電気エネルギーが化学エネルギーに変換されて蓄電池を充電することができます。これと同じように，コイルに流れる電流を増加させていくと，コイルの逆起電力に逆らって電流を流すことになり，コイルにエネルギーを蓄えることができます。このとき，コイルに蓄えられるエネルギーを**磁気エネルギー**といいます。

　磁気エネルギーは，コイルに流れる電流を電流を 0 から i まで増加させるのに必要な仕事として定義することができます。例えば，電流を一定の割合で 0 から i まで増加させるのに時間 T [s] かかったとすると，電流の変化を表すグラフは**図 2.10** のようになります。灰色で表された部分の面積は，この時間にコイルを通過した電荷量 Q [C] と等しくなります。

　図 2.10 の灰色の領域の面積を計算すると，

$$Q = \frac{1}{2} iT \qquad (2)$$

となります。また，電流の変化率は図 2.10 のグラフの傾きと等しいので，

$$\frac{di}{dt} = \frac{i}{T} \qquad (3)$$

となります。磁気エネルギー U は，起電

図 2.10● コイルを流れる電流の変化

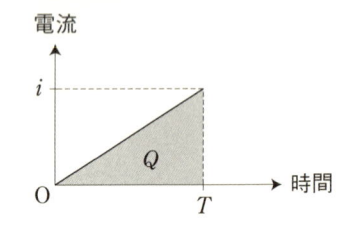

電流

力 $L\dfrac{di}{dt}$〔V〕に逆らって Q〔C〕を移動させた仕事と等しくなるので，式(2)，(3)を用いると，磁気エネルギー U は以下のようになります。

$$U = Q \cdot L\dfrac{di}{dt} = \dfrac{1}{2}iT \cdot L \cdot \dfrac{i}{T} = \dfrac{1}{2}Li^2 〔\text{J}〕$$

演習問題 2.1

ある電気抵抗の端子間に $v=8$〔V〕の電圧を加えたら，$i=2$〔A〕の電流が流れた。このとき，電気抵抗の抵抗値 R〔Ω〕と消費電力 P〔W〕を求めよ。

解答&解説 オームの法則より，

$$R = \dfrac{v}{i} = \dfrac{8}{2} = 4〔\Omega〕 \cdots\cdots（答），\quad P = vi = 8 \times 2 = 16〔\text{W}〕 \cdots\cdots（答）$$

演習問題 2.2

静電容量 $C=200$〔μF〕のコンデンサの電圧が $v=100$〔V〕のとき，コンデンサに蓄えられる電荷 q〔C〕を求めよ。

解答&解説

$$q = Cv = \underline{2.0 \times 10^4}〔\mu\text{C}〕 = 2.0 \times 10^{-2}〔\text{C}〕 \cdots\cdots（答）$$

$\boxed{1〔\mu\text{C}〕=10^{-6}〔\text{C}〕}$

演習問題 2.3

自己インダクタンス 0.5〔H〕のコイルに電流 i〔A〕を毎秒 40〔A〕の割合で増加させるとき，コイルに生じる端子電圧 v〔V〕を求めよ。ただし，電流 i〔A〕の向きを正とする。

解答&解説

$$v = -L\dfrac{di}{dt} = -0.5 \times 40 = -20〔\text{V}〕 \cdots\cdots（答）$$

講義 LECTURE 03 直流回路

抵抗を直列,並列に接続すると,電流や電圧がどのようになるのかを学びましょう。

3.1 抵抗の直列接続

図 3.1 のように,抵抗値 R_1〔Ω〕の抵抗と R_2〔Ω〕の抵抗を直列につなぎ,起電力 v〔V〕の電源に接続した場合を考えます。各抵抗の電圧降下を v_1, v_2 とおきます。2 つの抵抗を流れる電流は共通なので,その電流を i とします。このとき,

$$v_1 = R_1 i, \quad v_2 = R_2 i$$

となります。よって,電圧降下の和 v は,

$$v = v_1 + v_2 = R_1 i + R_2 i = (R_1 + R_2) i \tag{1}$$

となります。式(1)をオームの法則

$$v = Ri$$

と見比べると,抵抗 R_1 と R_2 を直列接続したときの**合成抵抗** R は,次のようになります。

図 3.1 ● 抵抗を直列接続する

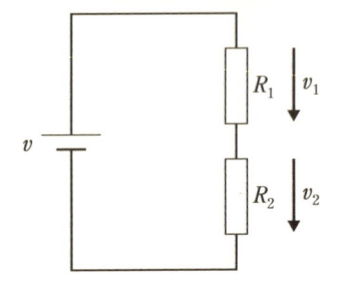

$$R = R_1 + R_2$$

この関係は，簡単に n 個の抵抗 R_1, R_2, $\cdots$, R_n を直列に接続した場合へ一般化できます。その場合の合成抵抗 R は，次のように表されることが分かります。

$$R = R_1 + R_2 + \cdots + R_n$$

抵抗が2つの場合に戻って，説明を続けます。抵抗を直列接続したときは，各抵抗に共通の電流が流れるので，電圧降下の比は抵抗値の比と等しくなります。つまり，次のようになります。

$$v_1 : v_2 = R_1 i : R_2 i = R_1 : R_2$$

例えば，**図 3.2** のように，$R_1 : R_2 = 1 : 2$ の場合を考えると，

$$v_1 : v_2 = R_1 i : R_2 i = R_1 : R_2 = 1 : 2$$

となります。

直列接続では，電圧が抵抗の比に内分されるという性質は，回路の特徴を見抜くのに役立ちますので覚えておいてください。

図 3.2 ● 直列接続の電圧の比は抵抗の比と等しい

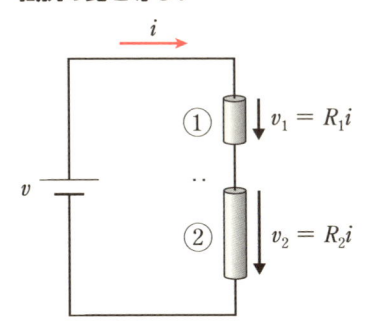

3.2 抵抗の並列接続

次に**図 3.3** のように，抵抗値 $R_3 [\Omega]$ の抵抗と $R_4 [\Omega]$ の抵抗を並列につなぎ，起電力 $v [V]$ の電源に接続した場合を考えます。抵抗 R_3 と R_4 を流れる電流

図 3.3 ● 抵抗を並列接続する

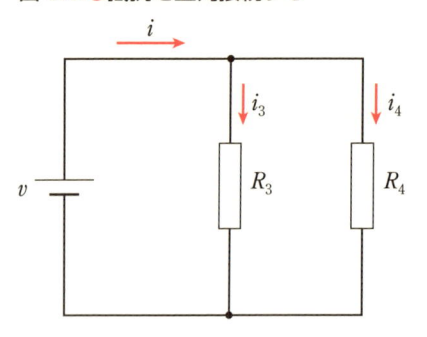

をそれぞれ i_3, i_4 とすると，並列接続のときは，2つの抵抗の電圧降下 v が等しくなるので，オームの法則より，

$$v = R_3 i_3 = R_4 i_4 \tag{2}$$

となります。電源を流れる電流を i とおくと，次のようになります。

$$i = i_3 + i_4 = \left(\frac{1}{R_3} + \frac{1}{R_4}\right)v \tag{3}$$

式(3)をオームの法則

$$i = \frac{v}{R}$$

と見比べると，抵抗 R_3 と R_4 を並列接続したときの**合成抵抗** R は，次のようになります。

$$\frac{1}{R} = \frac{1}{R_3} + \frac{1}{R_4}$$

この関係も一般化しておきましょう。n 個の抵抗 R_1, R_2, …, R_n を並列に接続したときの合成抵抗 R は，次のように表されます。

$$\frac{1}{R} = \frac{1}{R_1} + \frac{1}{R_2} + \cdots + \frac{1}{R_n}$$

図3.3の回路に戻ると，式(2)より，

$$\frac{i_3}{i_4} = \frac{R_4}{R_3}$$

となるので，電流の分配比が抵抗の逆数の比と等しくなることが分かります。つまり，抵抗の大きい側の電流は小さくなり，抵抗の小さい側の電流は大きくなり，抵抗と電流の積は等しくなるということです。

$R_3:R_4=1:2$ のとき，この関係を図で表すと**図3.4**のようになります。**並列接続では，電流は抵抗の逆数の比に分配される**という性質は，回路の特徴を見抜くのに役立ちますので，直列接続の性質と合わせて覚えておいてください。

図3.4●並列接続の電流の比は抵抗の逆数の比と等しい

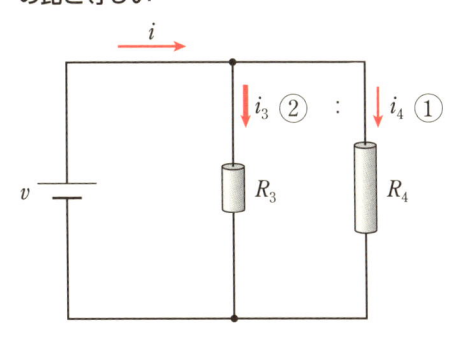

3.3 抵抗のコンダクタンス

抵抗を並列接続するときには，電流が抵抗の逆数の比に分配されるので，「抵抗の逆数」をはじめから与えておくと便利です。抵抗 R の逆数 $\dfrac{1}{R}$ のことを**コンダクタンス**といい，G で表します。単位は**ジーメンス**（記号は〔S〕）で表します。つまり，次のようになります。

$$G = \frac{1}{R} \,〔\mathrm{S}〕$$

コンダクタンスを用いてオームの法則を書き表すと，次のようになります。

$$i = \frac{v}{R} = Gv \tag{4}$$

図3.5のようにコンダクタンス G_1，G_2 の2つの抵抗を並列に接続して，起電力 v の電池に接続した場合を考えてみましょう。それぞれの抵抗を流れる電流を i_1，i_2 とすると，

$$i_1 = G_1 v, \quad i_2 = G_2 v$$

よって，電流の和 i は，

図 3.5 ● 抵抗を並列に接続した回路

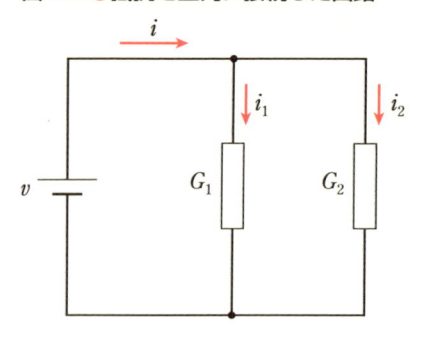

$$i = i_1 + i_2 = (G_1 + G_2)v$$

と表すことができます。合成コンダクタンスを G とおくと，G は次のようになります。

$$G = G_1 + G_2$$

コンダクタンスの式(4)は，コンデンサの電荷と電圧の関係

$$q = Cv$$

と形が似ていますね。そこで，コンデンサと同じように，電流を液体の量，コンダクタンスをビーカーの底面積，電圧を液面の高さに対応させてみましょう。**図 3.6** のような図を描くと，抵抗が並列に接続されていて2つの抵抗の電圧（液面の高さ）が等しいときは，電流（液体の量）は，底面積（コンダクタンス）に比例することがイメージしやすくなります。

図 3.6 ● コンダクタンスのイメージ

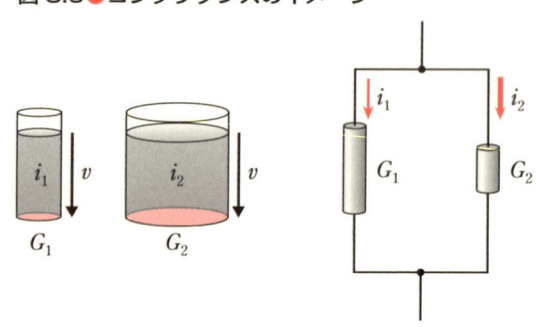

3.4 電源の等価回路

図3.7のように内部に起電力 E〔V〕の電池を含む電源の端子間に抵抗を接続し，抵抗の値を変化させていくと，端子間の電圧 V や，抵抗を流れる電流 I の値は，図3.7のグラフのように変化します。

端子に何も接続していない（**開放**）とき，端子間には電流が流れないので，電源の起電力 E〔V〕と等しい電圧が生じます。これを**開放電圧** V_0 といい，

$$V_0 = E$$

となります。また，抵抗値を0にする（**短絡**）とき，端子間の電圧は $V=0$ となり，このとき，最大の電流 I_0 が流れます。図3.7のグラフを満たすように電源内部を簡単な回路で置き換えるためにはどうしたらよいでしょうか。それには，2つの方法があります。

1つ目は，図3.8のように，接続する負荷によらず起電力が一定の値 E〔V〕をとる理想的な電池（**直流電圧源**）と内部抵抗 R_0 を用いて表す方法です。このように電源を直流電圧源と内部抵抗で表した回路（図3.8の点線で囲まれた回路）を，**電源の定電圧等価回路**といいます。

図3.8の回路において，抵抗 R を流れる電流 I は，

$$E = R_0 I + RI$$

を満たします。また，端子電圧 V は，

$$V = RI = E - R_0 I$$

図3.7●端子間の電圧と電流の変化

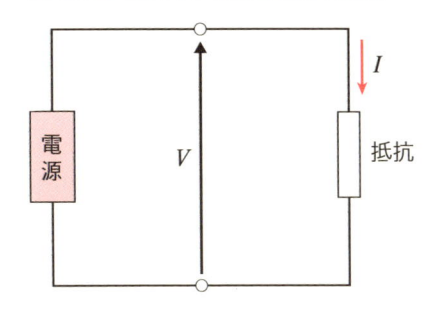

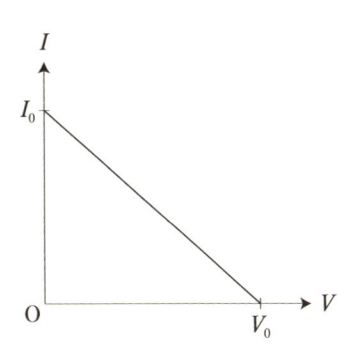

図3.8●電源の定電圧等価回路

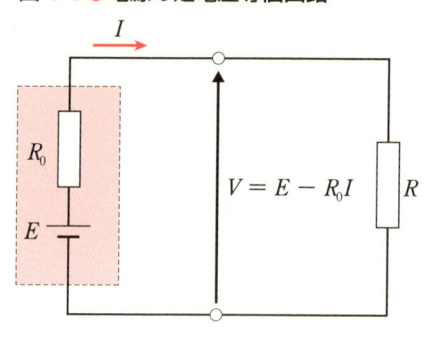

となり，

$$開放電圧：V_0 = E$$

$$短絡したときの電流：I_0 = \frac{E}{R_0}$$

$$グラフの傾き：\frac{1}{R_0}$$

となるように，内部抵抗 R_0 と起電力 E を決定すればよいことになります。

　2つ目は，**図3.9**のように，**直流電流源**を用いて表す方法です。直流電流源とは，接続する負荷の値によらず一定の電流を流すものだと考えてください。電源を直流電流源と内部抵抗で表した回路（図3.9の点線で囲まれた回路）を，**電源の定電流等価回路**といいます。

　電流 I_1 の一定電流を流す直流電流源と，コンダクタンス G_1 の内部抵抗を並列に接続し，開放電圧と短絡したときの電流を求めると，次のようになります。

図3.9●電源の定電流等価回路

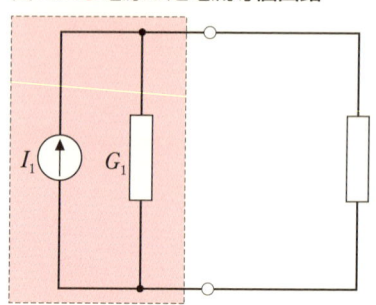

開放電圧：$V_0 = \dfrac{I_1}{G_1}$

短絡したときの電流：I_1

よって，図 3.8 の回路と図 3.9 の回路が等価になるためには，開放電圧と短絡したときの電流が一致することが必要ですから，

$$V_0 = E = \frac{I_1}{G_1} \tag{5}$$

$$I_0 = \frac{E}{R_0} = I_1 \tag{6}$$

となります。式 (5)，(6) を解いて，

$$I_1 = \frac{E}{R_0}$$

$$G_1 = \frac{I_1}{E} = \frac{1}{R_0}$$

を満たせばよいことが分かりました。まとめると**図 3.10** のようになります。

図 3.10●電源の等価回路

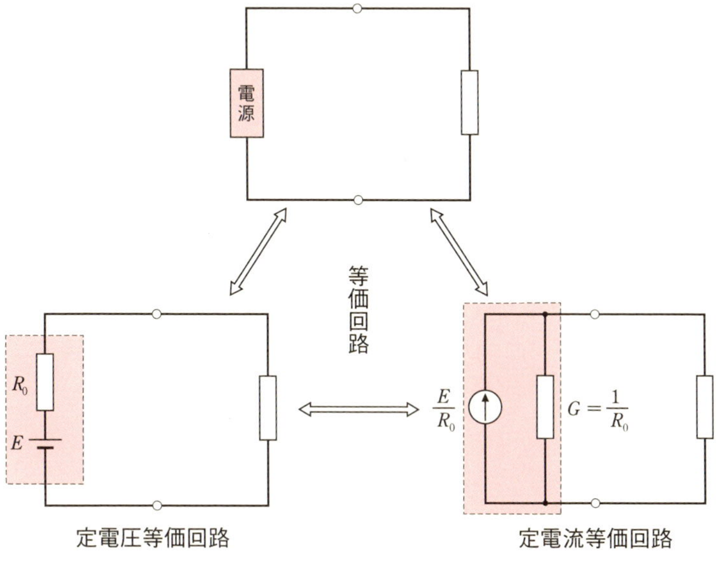

定電圧等価回路 ⇔ 等価回路 ⇔ 定電流等価回路

演習問題 3.1 図のように，起電力が $E=4$ 〔V〕，内部抵抗 $r=0.2$ 〔Ω〕の直流電圧電源の端子 ab 間に $R=1.8$ 〔Ω〕の抵抗を接続したときの電流 i と端子電圧 V を求めよ。

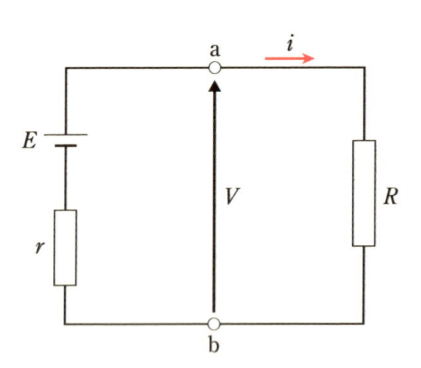

解答&解説 電池の内部抵抗 r と抵抗 R の合成抵抗を R_1 とすると，

$$R_1 = r + R = 0.2 + 1.8 = 2.0 〔Ω〕$$

よって，求める電流は，

$$i = \frac{E}{R_1} = \frac{4}{2} = 2 〔A〕 \quad \cdots\cdots （答）$$

また，図のように，端子電圧 V は，起電力 E を抵抗の比に内分した値になるから，$E:V = R+r:R$ より

$$V = \frac{R}{R+r}E = \frac{1.8}{2.0} \times 4 = 3.6 〔V〕 \quad \cdots\cdots （答）$$

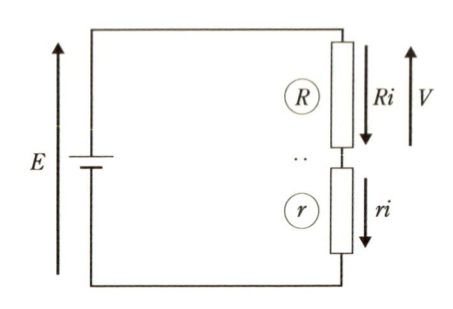

演習問題 3.2 図において,$E=6$〔V〕,$R_1=0.8$〔Ω〕,$R_2=3$〔Ω〕,$R_3=2$〔Ω〕とする。電流 i_2 を求めよ。

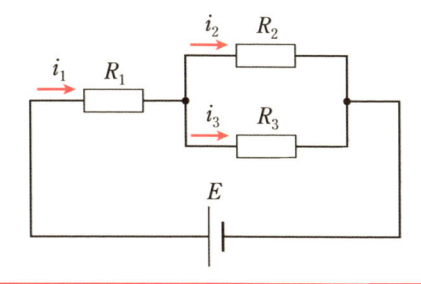

解答&解説 R_2 と R_3 の合成抵抗を R' とおくと,

$$\frac{1}{R'} = \frac{1}{R_2} + \frac{1}{R_3} = \frac{1}{3} + \frac{1}{2} = \frac{5}{6}$$

$$\therefore R' = \frac{6}{5} = 1.2 \text{〔Ω〕}$$

回路全体の合成抵抗を R_0 とおくと,

$$R_0 = R_1 + R' = 0.8 + 1.2 = 2.0 \text{〔Ω〕}$$

よって,電池を流れる電流 i_1 は,

$$i_1 = \frac{E}{R_0} = \frac{6}{2} = 3 \text{〔A〕}$$

$i_2 : i_3 = \dfrac{1}{R_2} : \dfrac{1}{R_3} = R_3 : R_2 = 2 : 3$ より,

$$i_2 = \frac{i_2}{i_2 + i_3} \times i_1 = \frac{2}{2+3} \times 3 = \frac{6}{5} = 1.2 \text{〔A〕} \quad \cdots\cdots \text{(答)}$$

講義 LECTURE 04 回路方程式

　電気回路では，各抵抗の電圧や電流が未知量で，それを求めることを「回路を解く」といいます。ここでは，回路が複雑になっても電圧や電流を系統的に求めることができる方法を学びましょう。

4.1 キルヒホッフの第1則（電流連続の法則）

　抵抗を複数個接続すると，**図4.1**に示すような**ノード**（節点）ができます。ノードへ流れ込む（流れ出す）電流路を**ブランチ**（枝）といいます。ノードに流れ込む電流の和と流れ出す電流の和は等しくなります。これを**キルヒホッフの第1則**（**電流連続の法則**）といいます。図4.1の場合を例にとると，次の性質が成り立ちます。

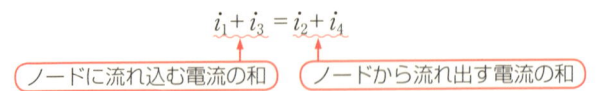

$$i_1 + i_3 = i_2 + i_4$$

（ノードに流れ込む電流の和）　（ノードから流れ出す電流の和）

また，ノードに流れ込む電流を正とし，流れ出す電流を負とすれば，上式は，次のように表すこともできます。

図4.1 ● ノードとブランチ

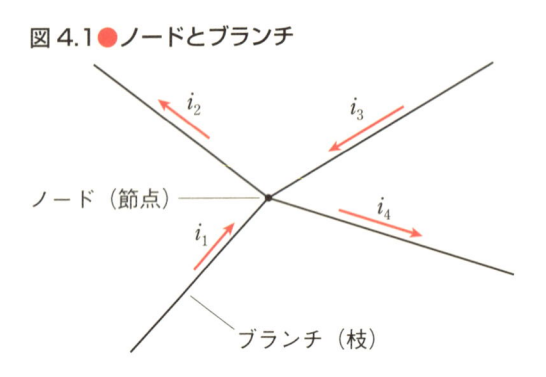

$$i_1 - i_2 + i_3 - i_4 = 0$$

ノードに流れ込む電流の和

　キルヒホッフの第1則は，電荷が生成したり消滅したりしないということを意味しています。そのため，電流連続の法則とも呼ばれます。もし，ノードに流れ込む電流の和に比べて，流れ出す電流の和が大きければ，ノードで電荷が生成されていることになりますし，流れ出す電流の和が小さければ，ノードで電荷が消滅していることになります。でも，そういうことは起こらず，流れ込む電流の和と流れ出す電流の和が等しくなるというのがキルヒホッフの第1則の意味です。

キルヒホッフの第1則

$$\sum_{k=1}^{n} i_k = 0$$

ノードに入る電流と出る電流の和は0となる。

4.2 キルヒホッフの第2則（電圧平衡の法則）

　回路中の任意の1つのノードから回路に沿って一周すると，はじめのノードに戻ります。これを**ループ**（**閉路**）といいます。**図4.2**のようにループに

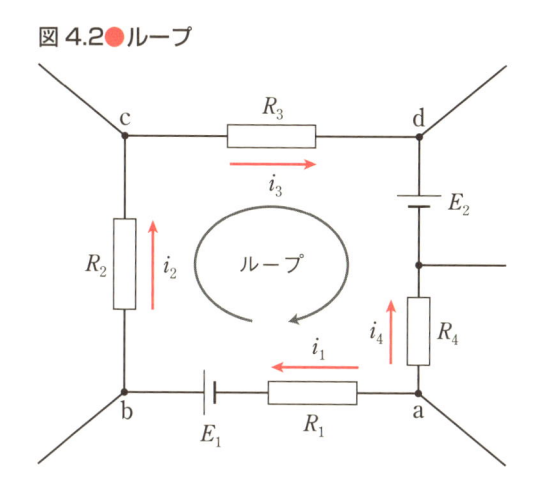

図4.2●ループ

沿って一方向に1周したとき，ループの向きを正として，電源の起電力の和と抵抗の**電圧降下**の和が等しくなります。これを**キルヒホッフの第2則**（電圧平衡の法則）といいます。図4.2の例で考えてみましょう。a→b→c→d→aの順にループをとると，電位の変化は**図4.3**のようになり，左端の点aと右端の点aの電位が等しくなります。これを式で表すと，

$$E_1 - E_2 = R_1 i_1 + R_2 i_2 + R_3 i_3 - R_4 i_4$$

（起電力の和）（電圧降下の和）

となります。起電力は，ループの向き対して電位が上がる向きを正としているので，ループの向きと起電力の向きが等しければ正，逆向きなら負となります。抵抗における電圧降下は，ループの向きに対して電位が下がる向きを正としているので，ループの向きと電流の向きが等しければ正，逆向きなら負となります。

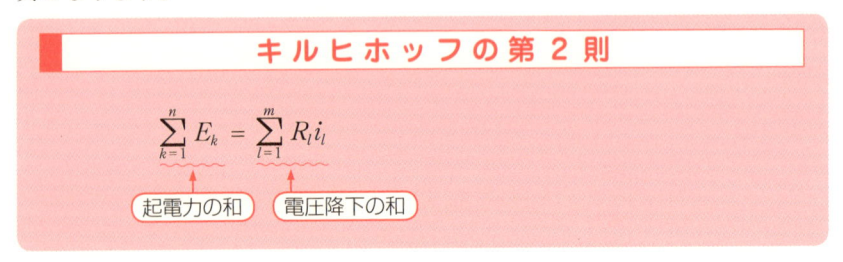

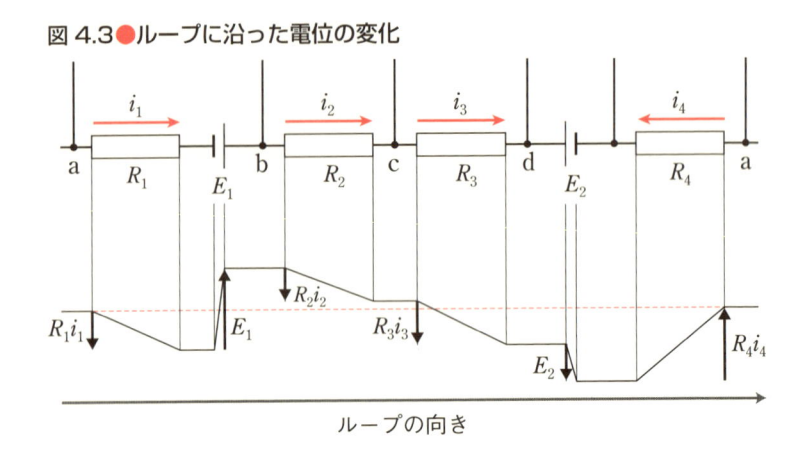

キルヒホッフの第2則

$$\sum_{k=1}^{n} E_k = \sum_{l=1}^{m} R_l i_l$$

（起電力の和）（電圧降下の和）

図4.3●ループに沿った電位の変化

ループの向き

4.3 回路方程式（ブランチ電流法）

　簡単な回路では，合成抵抗を求め，回路を流れる電流や電圧を計算することができますが，複雑な回路になるとそれができなくなります。その場合，キルヒホッフの第1則や第2則をもとに電圧と電流の関係式を立てます。これを**回路方程式**といいます。電気回路では，回路方程式を立てて，それを解けば，すべての抵抗に流れる電流とその両端の電圧を求めることができます。

　回路方程式の立て方には3つの方法があります。順に説明しましょう。電気回路の各ブランチに流れる電流を**ブランチ電流**といい，これを未知数にとって回路方程式を立てる方法を**ブランチ電流法**といいます。高校物理の教科書で扱っている方法ですので，皆さんには最もなじみがある方法かもしれません。

　図4.4の回路を例にとり，ブランチ電流法で解いてみましょう。まずは，**図4.5**のようにブランチ電流 i_1, i_2, i_3 をおき，ループを選択します。

キルヒホッフの第1則より

$$i_1 + i_2 = i_3 \tag{1}$$

キルヒホッフの第2則より

$$\begin{cases} 2V = 2Ri_2 + 3Ri_3 & (2) \\ V = Ri_1 + 3Ri_3 & (3) \end{cases}$$

となります。式(1)，(2)，(3)が回路方程式です。これらを解いてブランチ

図4.4●回路方程式を立てる

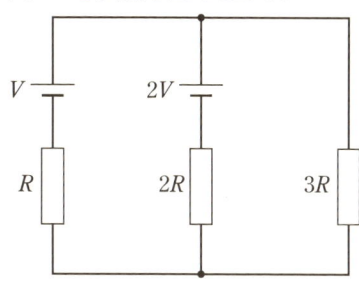

図4.5●ブランチ電流

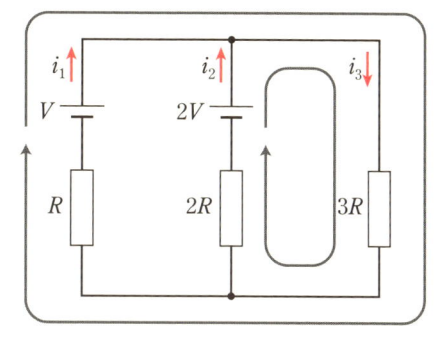

電流を求めます。式(2)より，

$$i_2 = \frac{V}{R} - \frac{3}{2}i_3$$

式(3)より，

$$i_1 = \frac{V}{R} - 3i_3$$

上式を式(1)へ代入して，

$$\frac{V}{R} - 3i_3 + \frac{V}{R} - \frac{3}{2}i_3 = i_3$$

$$\therefore i_3 = \frac{4V}{11R}$$

これを，式(2)，(3)へ代入して，

$$i_1 = -\frac{V}{11R}, \quad i_2 = \frac{5V}{11R}$$

4.4 回路方程式（ループ電流法）

　回路の中に選択したループごとに電流を仮定することもできます。これを**ループ電流**といいます。同じブランチに2つのループ電流があるときには，抵抗を流れる電流はその和となります。このように考えてキルヒホッフの第2則を立てていく方法を**ループ電流法**といいます。

　図4.6において，キルヒホッフの第2則を立てると，

$$\begin{cases} V = RI_a + 3R(I_a + I_b) & (4) \\ 2V = 2RI_b + 3R(I_a + I_b) & (5) \end{cases}$$

図4.6●ループ電流法

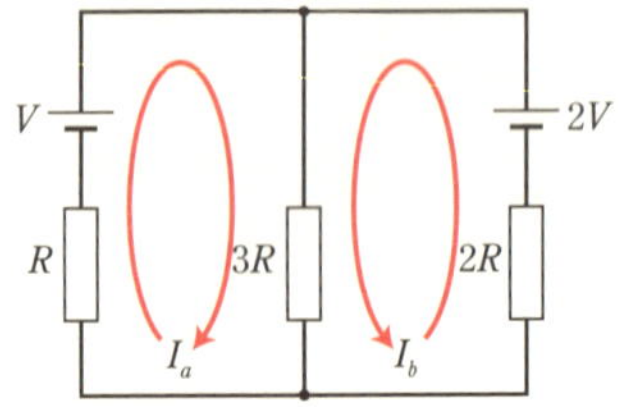

ループ電流 I_a, I_b をおく

となり，これがループ電流法を用いた回路方程式です．式(4), (5)を解くと，

$$I_a = -\frac{V}{11R}, \quad I_b = \frac{5V}{11R}$$

I_a の値が負になっているのは，最初に仮定した向きに対して実際には逆向きに電流が流れることを意味しています．

4.5 回路方程式（ノード電圧法）

ノード（節点）の1つを基準として，各ノードの電位を仮定して回路方程式を立てる方法を**ノード電圧法**といいます．**図 4.7** を例にとり説明します．

ノードAを基準にとり，ノードB，ノードCの電位を V_B, V_C とおきます．ノードDの電位はノードAと等しいので0になります．

ここで，キルヒホッフの第1則を立てると，ノードBについては，

$$\frac{E - V_B}{R} + \frac{2E - V_B}{2R} + \frac{V_C - V_B}{R} = 0 \tag{6}$$

ノードCについても同様に，

$$\frac{V_B - V_C}{R} + \frac{0 - V_C}{R} + \frac{3E - V_C}{R} = 0 \tag{7}$$

式(6), (7)が，ノード電圧法を用いた回路方程式です．式(6), (7)を解くと，

$$V_B = \frac{18}{13}E, \quad V_C = \frac{19}{13}E$$

図 4.7 ● ノード電圧法

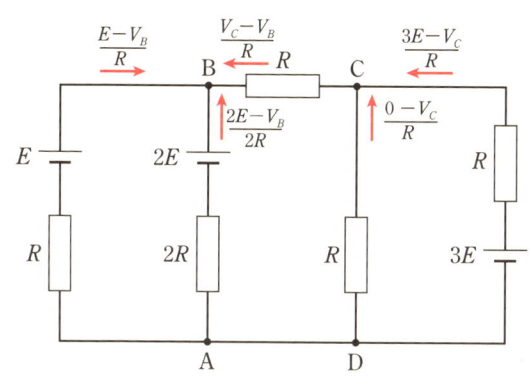

演習問題 4.1 起電力が E, $2E$ の電池と,抵抗値がそれぞれ R, $2R$, $3R$ の抵抗を用いて図のような回路を作った。ループ電流 I_1, I_2 を求めよ。

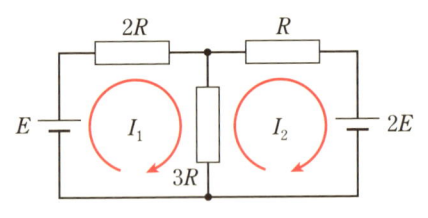

解答&解説 回路方程式は,

$$\begin{cases} E = 2RI_1 + 3R(I_1 - I_2) & (1) \\ -2E = RI_2 + 3R(I_2 - I_1) & (2) \end{cases}$$

よって,式(1),(2)を解いて,

$$I_1 = -\frac{2E}{11R}, \quad I_2 = -\frac{7E}{11R} \quad \cdots\cdots \text{(答)}$$

演習問題 4.2 図の回路において,ノード A を基準とするノード B の電位 V を求めよ。

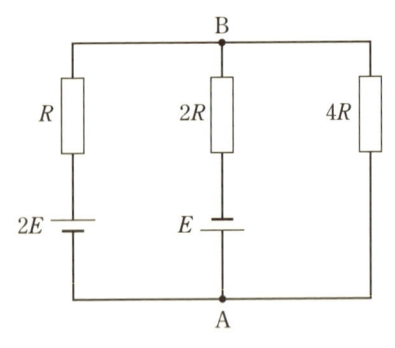

解答&解説 点 B において,キルヒホッフの第1則を立てると,

$$\frac{2E-V}{R} + \frac{-E-V}{2R} + \frac{-V}{4R} = 0 \quad \therefore V = \frac{6}{7}E \quad \cdots\cdots \text{(答)}$$

講義 LECTURE 05 直流回路網の諸定理 1

　どんな複雑な回路でも回路方程式を解けば，解を得ることができますが，計算が面倒になることも多いです。もし，簡単な等価回路へ回路を変換したり，電圧を平均したりすることができれば，計算を省力化することができます。ここでは，計算を簡単にするための3つのやり方を学びましょう。

5.1 ブリッジ回路の平衡条件

　図 5.1 のような回路を**ブリッジ回路**といいます。この回路において，$4R$ の抵抗を P → Q の向きに流れる電流を求めてみましょう。ブリッジ回路では，簡単に合成抵抗を求めることができません。まずは，回路方程式を立ててみましょう。

　図 5.2 のようにブランチ電流 I_1, I_2, i をおき，ループを決めます。キルヒホッフの第2則は，

$$\begin{cases} V = 3RI_2 + 6R(I_2 + i) & (1) \\ 0 = RI_1 + 4Ri - 3RI_2 & (2) \\ 0 = 2R(I_1 - i) - 6R(I_2 + i) - 4Ri & (3) \end{cases}$$

図 5.1 ● ブリッジ回路

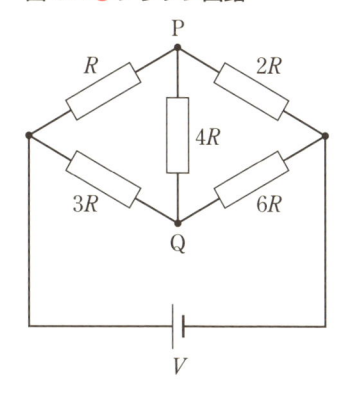

図 5.2 ● ブランチ電流とループの設定

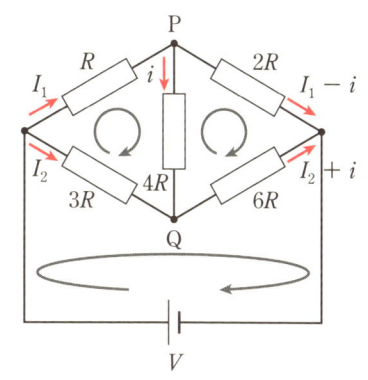

図 5.3 ● PQ 間が等電位になれば平衡条件が成り立つ

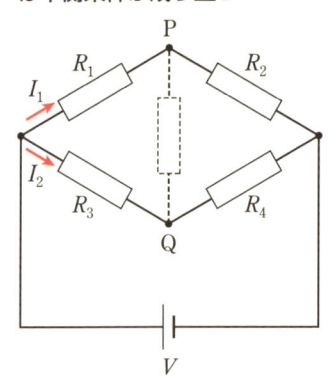

式(1), (2), (3)を解くと, 以下のようになります.

$$I_1 = \frac{V}{3R}, \quad I_2 = \frac{V}{9R}, \quad i = 0$$

　ブリッジ回路では, PQ 間に電流が流れなくなるための条件（**平衡条件**）が問われる場合があります. PQ 間に電流が流れないということは, PQ 間が等電位になっているということです. 一般性をもたせるために, **図 5.3**のように抵抗値を R_1, R_2, R_3, R_4 とおきます.

　講義 03 で学んだ「直列接続では, 電圧は抵抗の比に内分される」という性質を用いると, 平衡条件を簡単に求めることができます. PQ 間が等電位であるためには, 電源の電圧 V を同じ比に内分すればよいので,

$$R_1 I_1 : R_2 I_1 = R_3 I_2 : R_4 I_2$$

つまり,

$$R_1 : R_2 = R_3 : R_4 \Leftrightarrow R_1 R_4 = R_2 R_3$$

が成り立てばよいことが分かります. ブリッジ回路を解くときには, 最初に, 平衡条件を満たしているかどうかをチェックし, 満たしていないときだけ, 回路方程式を立てて解いていけばよいのです.

5.2 Δ-Y 変換

　ブリッジ回路は, そのままでは合成抵抗を計算することができませんが,

図 5.4 ● Δ 回路を Y 回路へ変換する

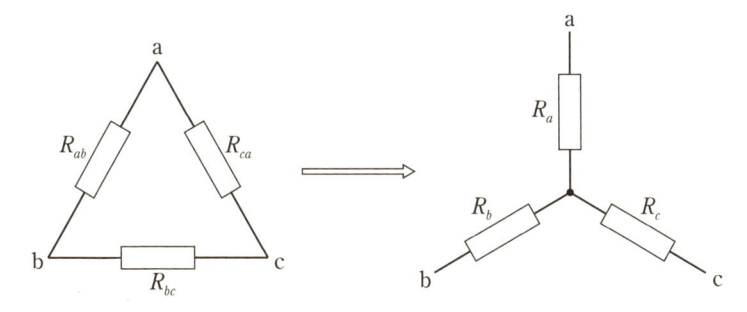

等価回路へ回路を書き直せば合成抵抗を計算できるようになります。このときに役立つのが，**Δ-Y 変換**です。

まず，**図 5.4** のような Δ 回路を Y 回路にどのようにして変換できるのか考えてみましょう。

Δ 回路と Y 回路が等価であるということは，端子 ab 間，端子 bc 間，端子 ca 間のいずれから見ても抵抗値が等しくなるということです。そこで，各端子から見た抵抗値を計算して，それらが等しくなるための条件を求めます。Δ 回路の ab 間の抵抗値を $R_{\Delta ab}$ のように表し，Y 回路の ab 間の抵抗値を R_{Yab} のように表すと，

$$\frac{1}{R_{\Delta ab}} = \frac{1}{R_{ab}} + \frac{1}{R_{bc}+R_{ca}} = \frac{R_{ab}+R_{bc}+R_{ca}}{R_{ab}(R_{bc}+R_{ca})}$$

$$R_{\Delta ab} = \frac{R_{ab}(R_{bc}+R_{ca})}{R_{ab}+R_{bc}+R_{ca}} \tag{4}$$

同様にして，

$$R_{\Delta bc} = \frac{R_{bc}(R_{ab}+R_{ca})}{R_{ab}+R_{bc}+R_{ca}} \tag{5}$$

$$R_{\Delta ca} = \frac{R_{ca}(R_{ab}+R_{bc})}{R_{ab}+R_{bc}+R_{ca}} \tag{6}$$

また，

$$R_{Yab} = R_a + R_b \tag{7}$$

$$R_{Ybc} = R_b + R_c \tag{8}$$

$$R_{Yca} = R_c + R_a \qquad (9)$$

これで，各端子から見た抵抗値をそれぞれ計算することができましたので，それらが互いに等しいとして，変換則を求めます。

$$R_{\Delta ab} = R_{Yab}, \quad R_{\Delta bc} = R_{Ybc}, \quad R_{\Delta ca} = R_{Yca}$$

とおき，$\dfrac{\text{式}(7)+\text{式}(9)-\text{式}(8)}{2}$ より，R_a を求めると，

$$R_a = \frac{R_{Yab} + R_{Yca} - R_{Ybc}}{2}$$

$$= \frac{R_{\Delta ab} + R_{\Delta ca} - R_{\Delta bc}}{2} = \frac{R_{ab}R_{ca}}{R_{ab} + R_{bc} + R_{ca}}$$

同様にして，

$$R_b = \frac{R_{ab}R_{bc}}{R_{ab} + R_{bc} + R_{ca}}, \quad R_c = \frac{R_{bc}R_{ca}}{R_{ab} + R_{bc} + R_{ca}}$$

これで，Δ回路をY回路に変換したときの抵抗値 R_a, R_b, R_c を，Δ回路の抵抗値 R_{ab}, R_{bc}, R_{ca} で表すことができました。毎回，この計算をするのは大変面倒なので，結果を覚えておいて使うことにします。「**分母は全抵抗の和，分子は両側の積**」と覚えておくとよいでしょう。

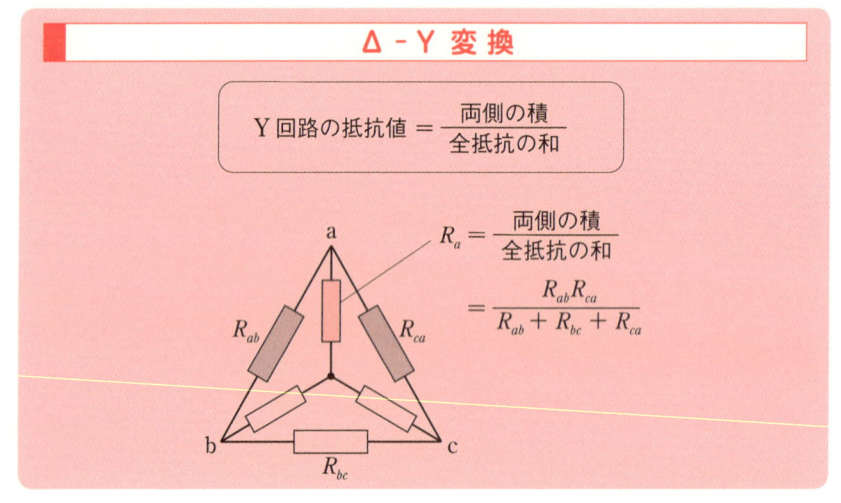

Δ-Y 変換

$$\text{Y回路の抵抗値} = \frac{\text{両側の積}}{\text{全抵抗の和}}$$

$$R_a = \frac{\text{両側の積}}{\text{全抵抗の和}}$$

$$= \frac{R_{ab}R_{ca}}{R_{ab} + R_{bc} + R_{ca}}$$

ブリッジ回路をΔ-Y変換を用いて書き換える方法は演習問題5.2で扱います。

5.3 ミルマンの定理

電源が並列に接続された回路も，合成抵抗を求めることができません。しかし，簡単に端子電圧を求めることができる定理があります。それが**ミルマンの定理**です。**図 5.5** の回路における ab 間の端子電圧を求める方法を考えてみましょう。

直感的には，ab 間の端子電圧 V' は，3つの電池の電圧 V, $2V$, $3V$ の「ある種の平均」になることが予想できます。並列回路なので，抵抗値をコンダクタンスで表し，その比の値を求めます。各抵抗のコンダクタンスの比を計算すると，次のようになります。

$$\frac{1}{R} : \frac{1}{2R} : \frac{1}{3R} = 6 : 3 : 2$$

そこで，それぞれ，$6G$, $3G$, $2G$ とおきます。仮に，$2V < V' < 3V$ であれば，**図 5.6** のように図式化することができます。

電流が正の場合は，抵抗における電圧降下により端子電圧は電池の起電力よりも小さくなります。一方，電流が負の場合には，端子電圧は電池の起電力よりも大きくなります。

各抵抗を上向きに流れるブランチ電流 I_1, I_2, I_3 を，コンダクタンスを用いて次のように表します。起電力と端子電圧 V' の大小関係により，電流の符号が変化することに注意してください。

図 5.5 ● ab 間の端子電圧を求める

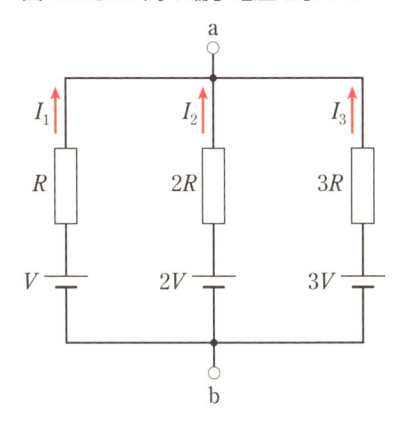

図5.6●コンダクタンスの比に電流が分配される

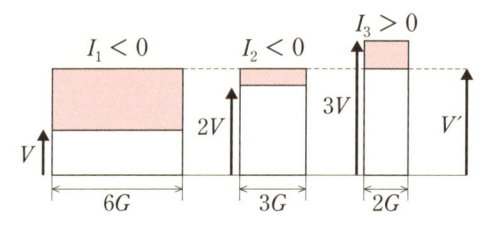

$$I_1 = 6G(V-V'), \quad I_2 = 3G(2V-V'), \quad I_3 = 2G(3V-V')$$

これらを，キルヒホッフの第1則

$$I_1 + I_2 + I_3 = 0$$

に代入すると，

$$6G(V-V') + 3G(2V-V') + 2G(3V-V') = 0$$

ノード電圧法による回路方程式と見なしてもよい

$$\therefore V' = \frac{6G \cdot V + 3G \cdot 2V + 2G \cdot 3V}{6G + 3G + 2G} = \frac{18}{11}V$$

このようにして，端子電圧 V' を，コンダクタンスの重みつき平均値として計算することができました。

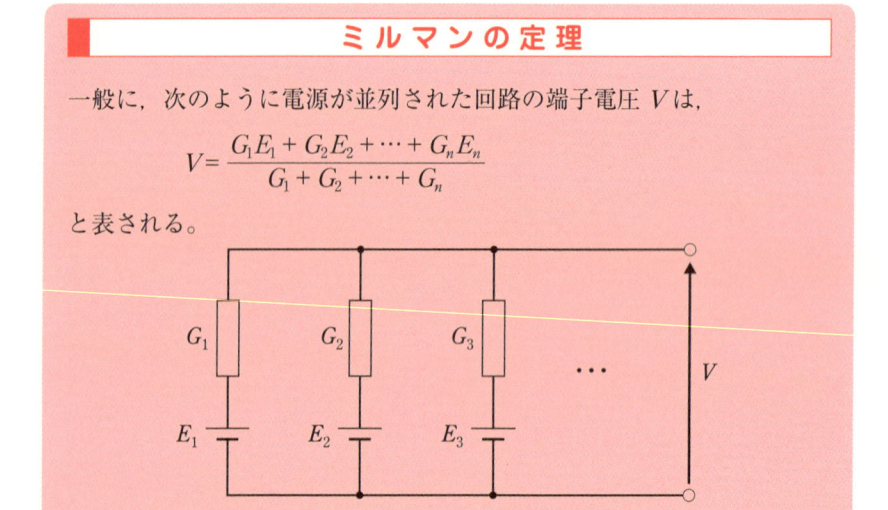

ミルマンの定理

一般に，次のように電源が並列された回路の端子電圧 V は，

$$V = \frac{G_1 E_1 + G_2 E_2 + \cdots + G_n E_n}{G_1 + G_2 + \cdots + G_n}$$

と表される。

演習問題 5.1

図において、$R_1=2$〔Ω〕, $R_2=3$〔Ω〕, $R_3=4$〔Ω〕である。検流計に電流が流れなかったとき、R_x を求めよ。

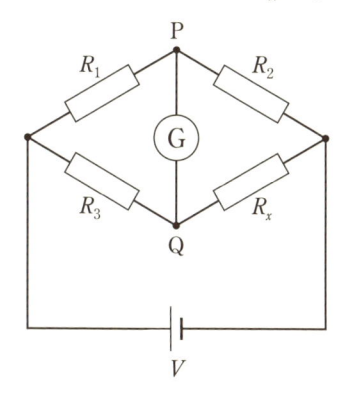

解答&解説 ブリッジ回路が平衡条件を満たしているから、

$R_1 : R_2 = R_3 : R_x$

$\therefore R_x = \dfrac{R_2 R_3}{R_1} = 6$〔Ω〕 ……（答）

演習問題 5.2

図のような直流回路において、電源を流れる電流を求めよ。

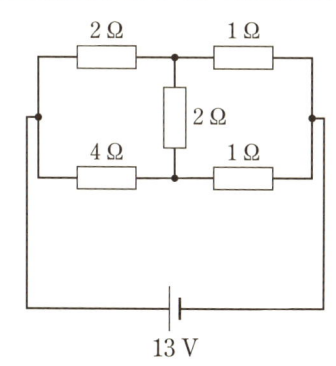

解答&解説 ブリッジ回路の平衡条件を満たしていないので、Δ-Y 変換によって下図のように回路を書き換えます。

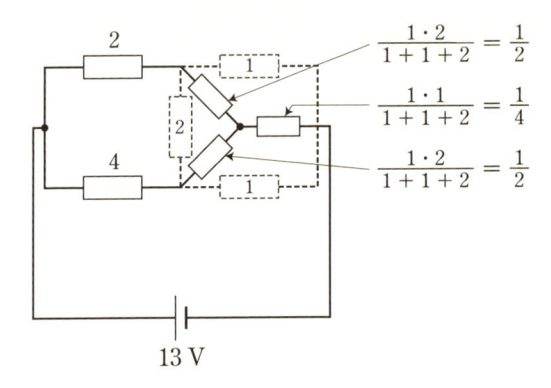

$$\frac{1 \cdot 2}{1+1+2} = \frac{1}{2}$$

$$\frac{1 \cdot 1}{1+1+2} = \frac{1}{4}$$

$$\frac{1 \cdot 2}{1+1+2} = \frac{1}{2}$$

上図の直列接続部分を合成して整理すると，下図のようになります．

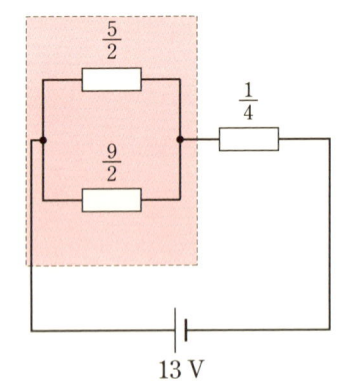

点線で囲んだ並列部分の合成抵抗を R_1 とすると，

$$\frac{1}{R_1} = \frac{2}{5} + \frac{2}{9} = \frac{28}{45}$$

$$\therefore R_1 = \frac{45}{28} (\Omega)$$

よって，全合成抵抗 R は，

$$R = \frac{45}{28} + \frac{1}{4} = \frac{13}{7} (\Omega)$$

よって，求める電流 I は，

$$I = \frac{13}{R} = 7 (A) \quad \cdots\cdots \text{（答）}$$

演習問題 5.3 図のような直流回路において，ab 間の端子間電圧を求めよ。

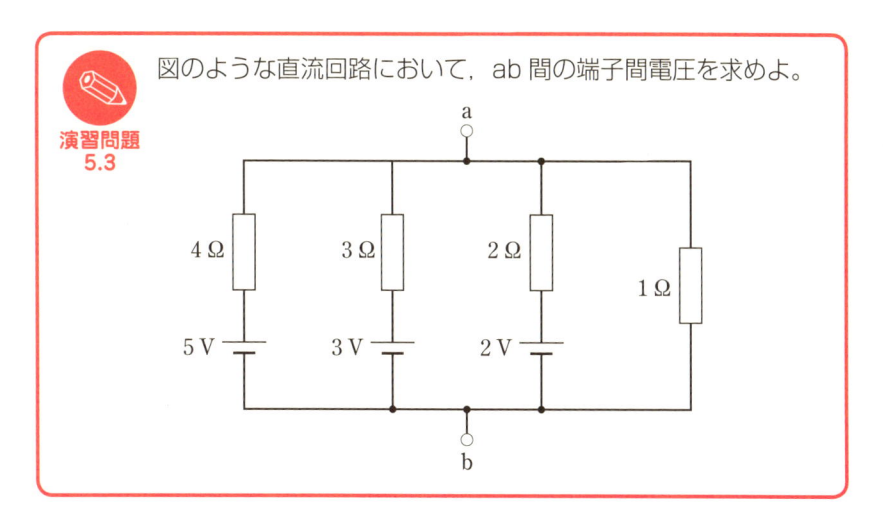

解答&解説 各抵抗のコンダクタンスの比は，

$$\frac{1}{4} : \frac{1}{3} : \frac{1}{2} : 1 = 3 : 4 : 6 : 12$$

よって，左から順に，$3G$，$4G$，$6G$，$12G$ とおきます。よって，ab 間の端子間電圧を V とおくと，ミルマンの定理より，

$$V = \frac{3G \cdot 5 + 4G \cdot 3 + 6G \cdot 2 + 12G \cdot 0}{3G + 4G + 6G + 12G} = \frac{39}{25} = 1.56 \text{〔V〕} \quad \cdots\cdots \text{（答）}$$

LECTURE 06 直流回路網の諸定理2

引き続き回路計算を簡単にする方法を学びましょう。

6.1 線形回路

一般に，a, b を任意の定数として，関数 $f(x)$ が

$$f(ax_1 + bx_2) = af(x_1) + bf(x_2)$$

を満たすときに，関数 $f(x)$ は**線形**であるといいます。

抵抗，コイル，コンデンサを流れる電流と，両端の電圧との関係について考えると，

$$\begin{cases} V_R = R(ai_1 + bi_2) = aRi_1 + bRi_2 \\ V_L = L\dfrac{d(ai_1 + bi_2)}{dt} = aL\dfrac{di_1}{dt} + bL\dfrac{di_2}{dt} \\ i_C = C\dfrac{d(av_1 + bv_2)}{dt} = aC\dfrac{dv_1}{dt} + bC\dfrac{dv_2}{dt} \end{cases}$$

となるため，いずれの場合も線形であることが分かります。線形性を満たす抵抗，コイル，コンデンサを**線形素子**といいます。一方，電球，ダイオード，トランジスタなどの素子は線形性を満たしません。このような素子を**非線形素子**といいます。

線形素子と電圧源，電流源だけからなる回路を**線形回路**といいます。線形回路では以下の定理が成り立ちます。

6.2 重ね合わせの理

複雑な回路を単純な回路へ分解すると，抵抗の合成則などが使えるようになり簡単に解くことができる場合があります。**図 6.1** の回路 a は，そのまま

図 6.1● 複雑な回路を 2 つに分解する

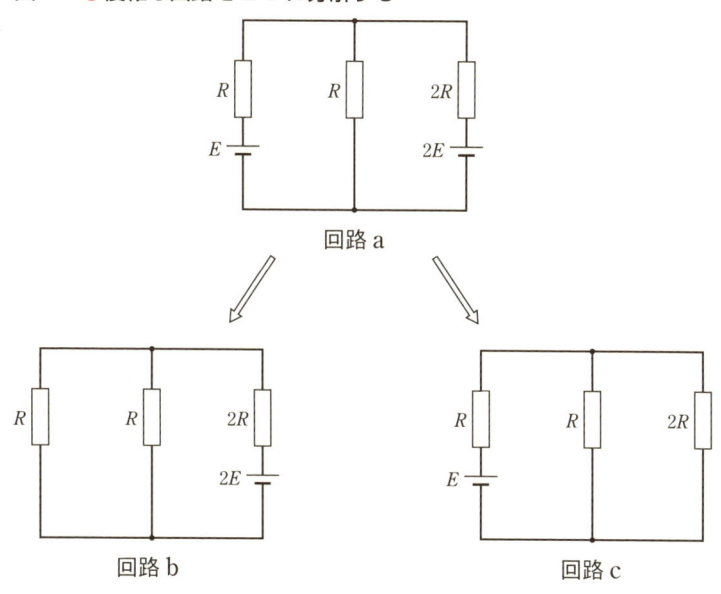

回路 a

回路 b 回路 c

では抵抗の合成則を使うことができない回路です。しかし，これを回路 b と回路 c に分解すれば，抵抗を合成して簡単に電流を求めることができるようになります。でも，勝手に分解してよいのでしょうか。回路 a, b, c について確かめてみましょう。

図 6.2 のようにブランチ電流とループを定め，キルヒホッフの第 2 則を立てると，以下の式が得られます。

回路 a $\begin{cases} E = RI_a - RI_a' & (1) \\ 2E = -RI_a' + 2RI_a'' & (2) \end{cases}$

回路 b $\begin{cases} 0 = RI_b - RI_b' & (3) \\ 2E = -RI_b' + 2RI_b'' & (4) \end{cases}$

回路 c $\begin{cases} E = RI_c - RI_c' & (5) \\ 0 = -RI_c' + 2RI_c'' & (6) \end{cases}$

ここで，式(3) + 式(5)，式(4) + 式(6)を作ると，次のようになります。

図 6.2 ● 各回路のブランチ電流とループ

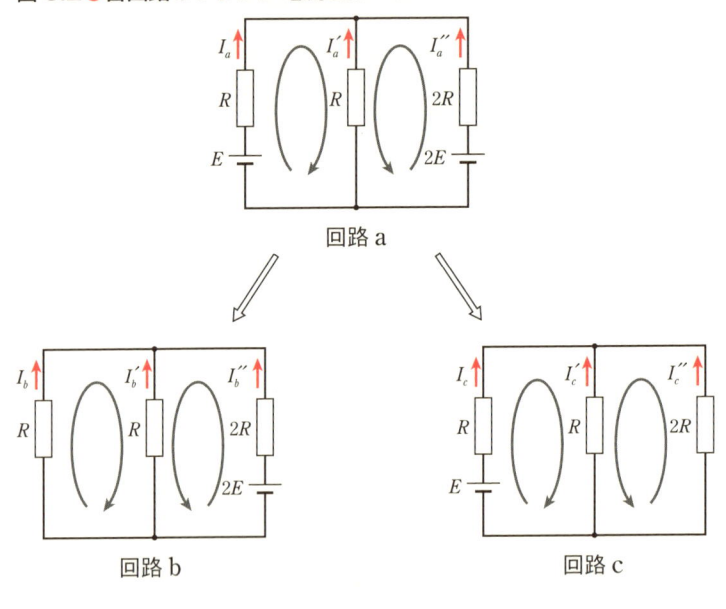

回路 a

回路 b

回路 c

$$\begin{cases} E = R(I_b + I_c) - R(I_b' + I_c') & (7) \\ 2E = -R(I_b' + I_c') + 2R(I_b'' + I_c'') & (8) \end{cases}$$

式(7), (8)において,

$$\begin{cases} I_b + I_c = I_a \\ I_b' + I_c' = I_a' \\ I_b'' + I_c'' = I_a'' \end{cases}$$

とおくと, 回路 a のキルヒホッフ則の式(1), (2)と一致します。よって, 回路 b, c のような簡単な回路へ分解して電流を計算した後, その結果を合成して回路 a の電流を求めてもよいことが分かります。このような性質を**重ね合わせの理**といいます。

重ね合わせの理を用いると, そのままでは計算が面倒（計算できない）なときに, 回路を分解して計算することができます。例として, 「定電流源と定電圧源が混在している回路」があります。

定電流源は, 無限大の起電力と無限大の内部抵抗をもち, どのような回路を接続しても回路の合成抵抗が無限大で変化しないため, 電源を流れる電流が変化しないという性質をもちます。起電力と内部抵抗が無限大のため, 定

電流源を含む回路では，キルヒホッフの第1則は立てられますが，第2則は立てられません。

そこで，図6.3のような「定電流源と定電圧源が混在している回路」を，「定電流源だけを含む回路」と「定電圧源だけを含む回路」に分解して電流を計算した後，合成すれば，「定電流源と定電圧源が混在している回路」を流れる電流を求めることができます。

図6.4のように電流をおくと，回路aでは，定電流源を流れる3〔A〕の電流が，抵抗の逆数の比に分配されるので，1〔Ω〕，2〔Ω〕の抵抗を流れる電流

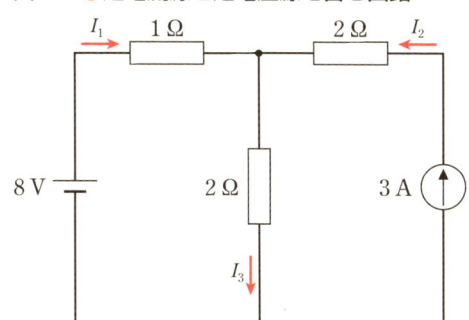

図6.3●定電流源と定電圧源を含む回路

図6.4●定電流源だけを含む回路と定電圧源だけを含む回路に分解する

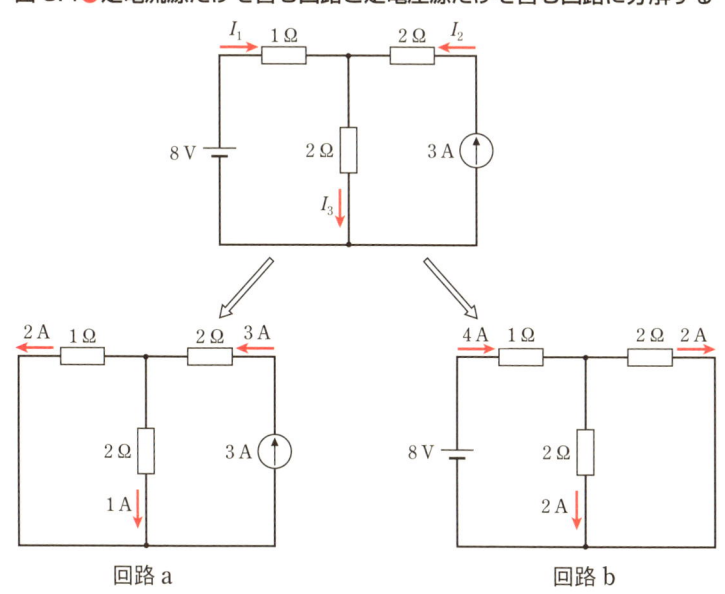

回路a

回路b

はそれぞれ 2〔A〕, 1〔A〕となります。

一方, 回路 b では, 全合成抵抗を計算すると 2〔Ω〕になるので, 定電圧源を流れる電流は, $\frac{8}{2}=4$〔A〕になります。2〔Ω〕の 2 つの抵抗を流れる電流の比は 1 : 1 なので, 4〔A〕の電流を 1 : 1 に分配して, それぞれ 2〔A〕ずつの電流が流れることが分かります。

よって, 回路 a, b を流れる電流を重ね合わせると, 図 6.3 の回路を流れる電流は, 次のように求まります。

$I_1 = 4 - 2 = 2$〔A〕
$I_2 = 3 - 2 = 1$〔A〕
$I_3 = 1 + 2 = 3$〔A〕

6.3 鳳・テブナンの定理

複雑な回路の一部を取り出し, その部分に流れる電流を求める工夫が鳳（ほう）・テブナンの定理です。

鳳・テブナンの定理

回路網の任意の 2 端子 a, b に現れる電圧を V_0 とし, 回路網のすべての電源を短絡（導線で置き換える）したときの端子 a, b から見た回路網内部の合成抵抗を R_0 とすると, 端子 ab 間に抵抗 R を接続したとき, 抵抗 R に流れる電流 I は,

$$I = \frac{V_0}{R + R_0}$$

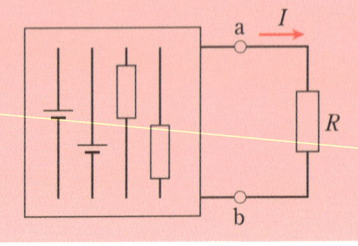

この定理は, 重ね合わせの理を用いて説明することができます。まず, **図 6.5** のように, ab 間に電源をつなぎ, ab 間に電流が流れないように調整し

ます。電源の電圧が，ab 間を開放したときの電圧 V_0 に等しいとき，ab 間に電流は流れなくなります。

次に，図 6.6 のように，回路網の電源をすべて短絡（導線で置き換える）します。そして，ab 間に電圧 V_0 の電源をさきほどと逆向きにつなぎ，さらに抵抗値 R の抵抗を電源と直列につなぎます。このときの回路網の合成抵抗を R_0，抵抗 R を流れる電流を I_0 とすると，電流 I_0 は，次のように表すことができます。

$$I_0 = \frac{V_0}{R+R_0}$$

次に，図 6.5 と図 6.6 の回路を重ね合わせてみましょう。重ね合わせた回路が**図 6.7(左)**になります。電圧 V_0 の 2 つの電源が逆向きに接続されていて，起電力の和が 0 になりますから，この部分を導線で置き換え，**図 6.7(右)**のように書き直すことができます。

図 6.7(右)の回路の ab 間を流れる電流を I とおくと，重ね合わせの理より，次のようになります。

$$I = I_0 + 0 = \frac{V_0}{R+R_0}$$

図 6.5●ab 間に電流が流れないようにする

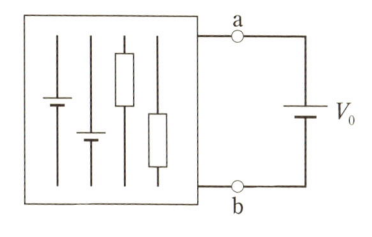

図 6.6●ab 間に電源と抵抗を接続する

合成抵抗 R_0

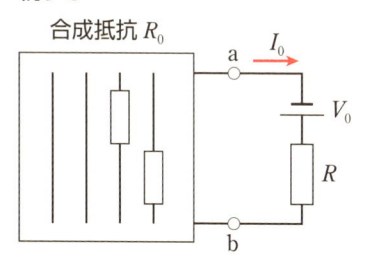

図 6.7●回路を重ね合わせる

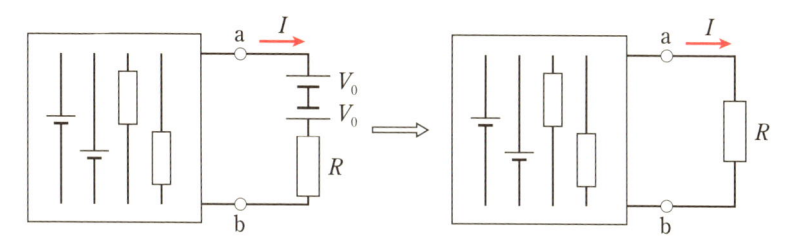

このように，重ね合わせの理を用いて，鳳・テブナンの定理を導くことができました。鳳・テブナンの定理は，回路網を**図 6.8** のような，起電力 V_0，抵抗 R_0 からなる定電圧等価回路で置き換えることができることを意味しています。

図 6.8● 回路網の等価回路

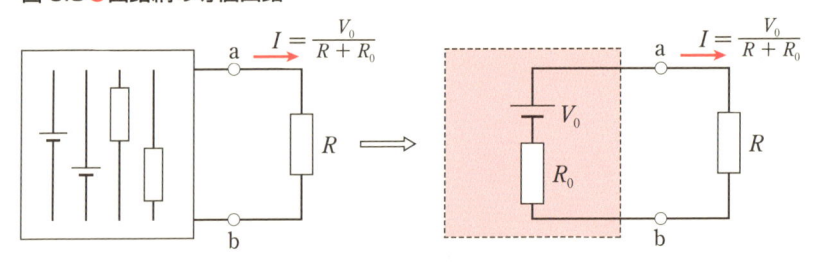

6.4 ノートンの定理

鳳・テブナンの定理と対をなす関係になっているのが**ノートンの定理**です。

ノートンの定理

回路網の任意の 2 端子 a, b を短絡したときに流れる電流を I_0 とし，端子 a, b を開放したときの端子 a, b から見た回路網内部の合成コンダクタンスを G_0 とすると，端子 ab 間にコンダクタンス G の抵抗を接続したとき，端子 ab 間の電圧 V は，

$$V = \frac{I_0}{G + G_0}$$

電源には，定電圧等価回路と定電流等価回路の2つの等価回路があることを講義 03 で学びました。鳳・テブナンの定理が回路網を定電圧等価回路で置き換えたものであるのに対し，ノートンの定理は回路網を定電流等価回路

図 6.9 ● ノートンの定理と鳳・テブナンの定理の関係

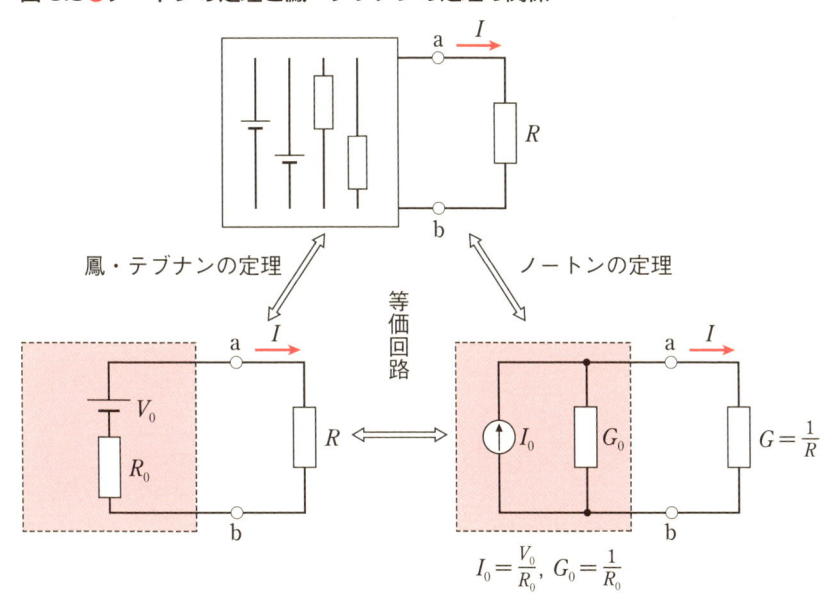

鳳・テブナンの定理　　等価回路　　ノートンの定理

$$I_0 = \frac{V_0}{R_0}, \quad G_0 = \frac{1}{R_0}$$

で置き換えたものです（**図 6.9**）。

$$I_0 = \frac{V_0}{R_0}, \quad G_0 = \frac{1}{R_0}$$

の関係があるとき，定電圧等価回路と定電流等価回路は等価になります。

演習問題 6.1　図の回路で，電流 I を求めよ。

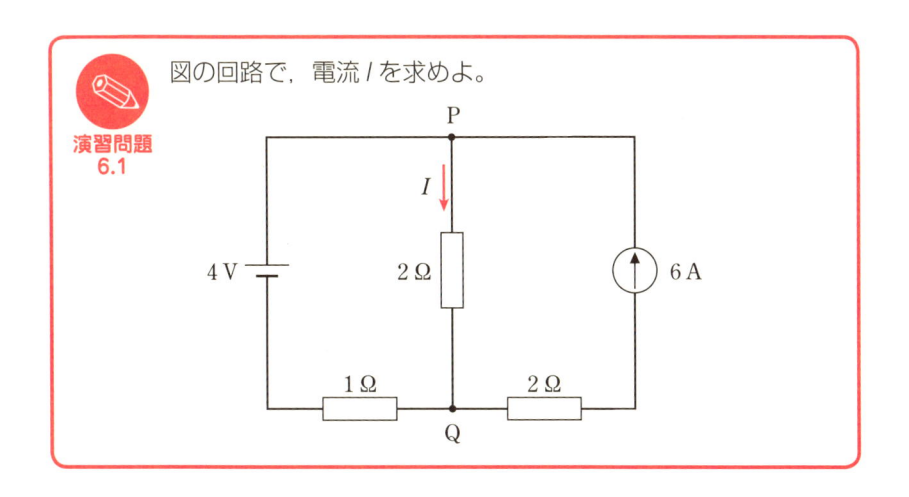

（回路図：4 V 電源，2 Ω（電流 I），6 A 電流源，1 Ω，2 Ω，節点 P, Q）

解答&解説 重ね合わせの理を用いて解きましょう。定電圧源だけを含む回路を考えると（左図），回路全体の合成抵抗 R_1 は，

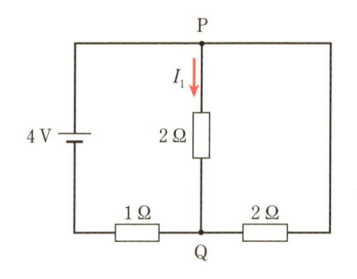

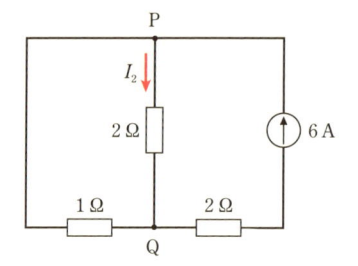

$$R_1 = 1 + \frac{2 \cdot 2}{2+2} = 2 \, [\Omega]$$

よって，PQ 間を流れる電流 I_1 は，

$$I_1 = \frac{1}{2} \cdot \frac{4}{2} = 1 \, [A]$$

次に，定電流源だけを含む回路を考えると（右図），PQ 間を流れる電流 I_2 は，抵抗の逆数の比に分配されることから，

$$I_2 = \frac{1}{3} \cdot 6 = 2 \, [A]$$

よって，重ね合わせの理より，

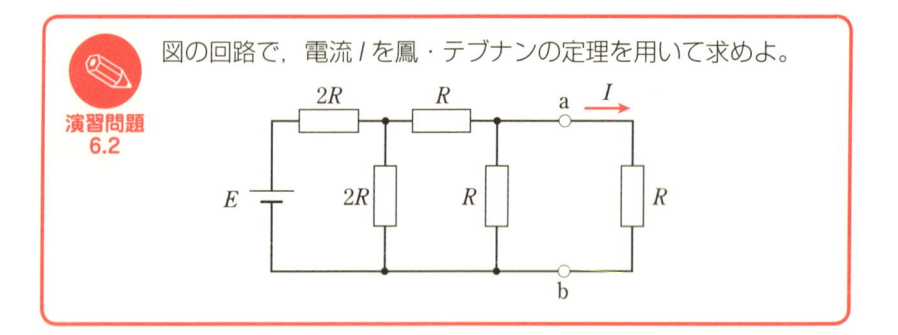

$$I = I_1 + I_2 = 3 \, [A] \quad \cdots\cdots \text{（答）}$$

演習問題 6.2 図の回路で，電流 I を鳳・テブナンの定理を用いて求めよ。

解答&解説 まず，端子 ab を開放したときの開放電圧 V_0 を求めます。電位の内分比を読み取るために回路を書き直すと，下図のようになります。

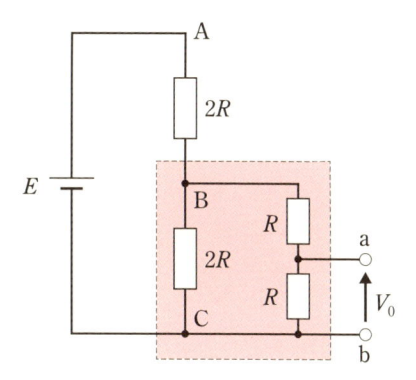

点線部分の合成抵抗を計算すると R になります。つまり，電源に抵抗値 $2R$, R の2つの抵抗が直列に接続していると見なすことができます。直列接続では抵抗の比に電位が内分されますから，AB 間の電位は $\frac{2}{3}E$, BC 間の電位は $\frac{1}{3}E$ になります。ab 間の電位は BC 間の電位の $\frac{1}{2}$ 倍になりますから，

$$V_0 = \frac{1}{2} \times \frac{1}{3}E = \frac{1}{6}E$$

次に電源を短絡し，ab から見た合成抵抗 R_0 を求めます。分かりやすくするために，回路図を下図のように書き直してみましょう。

点線部分の合成抵抗が $2R$ になるので，

$$\frac{1}{R_0} = \frac{1}{2R} + \frac{1}{R} = \frac{3}{2R} \quad \therefore R_0 = \frac{2}{3}R$$

よって，鳳・テブナンの定理より，求める電流 I は，

$$I = \frac{V_0}{R + R_0} = \frac{\frac{1}{6}E}{R + \frac{2}{3}R} = \frac{E}{10R} \quad \cdots\cdots \text{(答)}$$

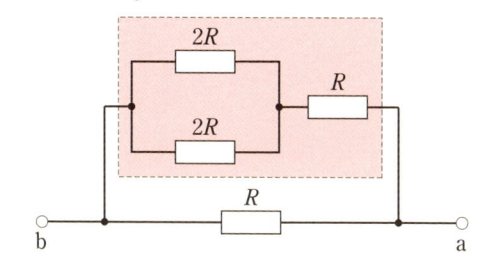

LECTURE 07 正弦波交流の基礎

　ここで扱う正弦波交流は，交流回路の中で最も基本的なものです。直流回路では出てこなかった角周波数や実効値といった物理量も登場します。

7.1　正弦波交流

　電気回路では，一般的に電流や電圧が時間とともに変化します。その中で，電流や電圧の大きさと符号が周期的に変動する場合を，それぞれ**交流電流**，**交流電圧**といいます。その中で，特に電流や電圧が正弦的に変化するものを**正弦波交流**といい，正弦波ではない周期波を**非正弦波交流**または**ひずみ波交流**といいます（**図7.1**）。

図7.1 ● 正弦波交流とひずみ波交流

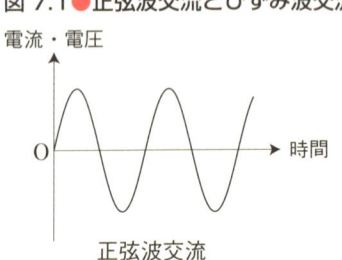

正弦波交流

ひずみ波交流

7.2　正弦波交流の基本量

　正弦波交流の電流 i は，次のように表すことができます。

$$i = I_m \sin(\omega t + \phi)$$

この式で，各値は次のように呼ばれています。

i〔A〕	瞬時値
I_m〔A〕	振幅または最大値
ω〔rad/s〕	角周波数
$\omega t + \phi$〔rad〕	位相（角）

　ϕ〔rad〕は，時刻 $t=0$ のときの位相ですので，**初期位相（角）**と呼ばれます。正弦波は，**図7.2**のような反時計回りの等速円運動を正射影したものです。等速回転する動径の回転角を**位相（角）**と呼んでいます。等速円運動と対応させて位相を理解すれば，位相の単位が角度の単位である〔rad〕であることに納得がいくと思います。

　動径は単位時間あたりに ω〔rad〕だけ回転しますから，一回転（2π〔rad〕）するのに要する時間つまり周期 T〔s〕は，次のようになります。

$$T = \frac{2\pi}{\omega} \text{〔s〕}$$

また，単位時間あたりに振動する回数を**周波数**といい，1秒間を周期で割ると求めることができます。単位は**ヘルツ**（〔Hz〕）です。周波数を f〔Hz〕とおくと，周期や角周波数との関係は，以下のようになります。

$$f = \frac{1}{T} = \frac{\omega}{2\pi} \text{〔Hz〕}$$

図7.2●正弦波と円運動

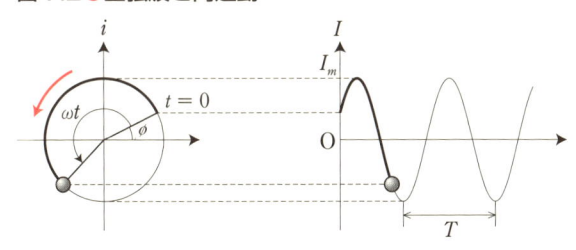

講義07●正弦波交流の基礎

7.3 実効値

直流回路と交流回路を比較するときに,「発熱作用が同等な回路同士を対応づける」と考えます。電圧や電流の対応関係は,ここから導かれます。

図7.3の直流回路では,一定の電圧 V〔V〕のもと,一定の電流 I〔A〕が流れます。このとき抵抗値 R〔Ω〕の抵抗の単位時間あたりの発熱量 P_1〔W〕は,次のようになります。

$$P_1 = RI^2$$

次に,図7.3 の交流回路では,同じ抵抗値の抵抗に $i = I_m \sin \omega t$ の電流が流れるとき,単位時間あたりの発熱量 P_2〔W〕は,次のようになります。

$$P_2 = Ri^2 = RI_m^2 \sin^2 \omega t \tag{1}$$

P_1 が一定値を示すのに対し,P_2 は時間的に変動するので,これらが等しくなることはありません。そこで,交流の周期 T の間に発生する熱量が一致したとき,両者は同等な回路だと見なすことにします。

図7.4(左) の赤色の領域の面積は,周期 T の間に抵抗から発生する熱量を表しています。これと面積の等しい領域が**図7.4(右)** の長方形の赤色の領域です。このとき,次の関係が成り立ちます。

$$\int_0^T P_2 dt = \overline{P_2} T$$

ここで,$\overline{P_2}$ は,P_2 の平均値と呼ばれ,次のように表されます。

$$\overline{P_2} = \frac{1}{T} \int_0^T P_2 dt \tag{2}$$

図7.3 ● 直流回路と交流回路の対応関係

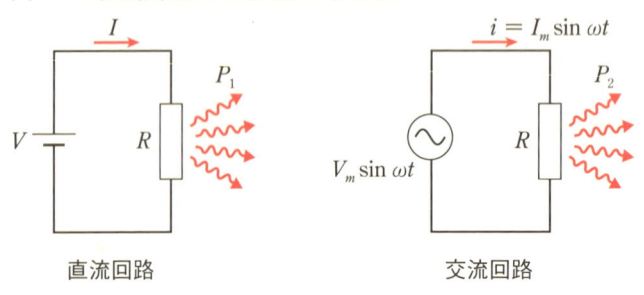

直流回路 / 交流回路

図 7.4 ● 時間平均値を求める

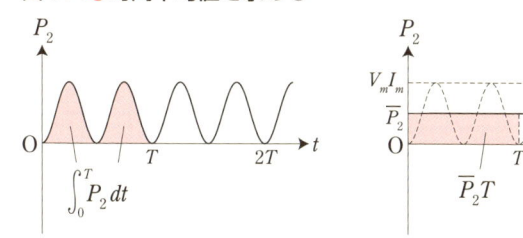

式(1)を式(2)に代入して具体的に計算すると，次のようになります。

$$\overline{P_2} = \frac{1}{T}\int_0^T RI_m^2 \sin^2\omega t\, dt$$

$$= \frac{RI_m^2}{T}\int_0^T \frac{1-\cos 2\omega t}{2}\, dt \quad \leftarrow \boxed{\text{半角の公式}}$$

$$= \frac{RI_m^2}{T}\left[\frac{1}{2}t - \frac{1}{4\omega}\sin 2\omega t\right]_0^T$$

$$= \frac{RI_m^2}{T}\cdot \frac{1}{2}T \quad \leftarrow \boxed{\omega T = 2\pi \text{に注意！}}$$

$$= \frac{RI_m^2}{2}$$

では，いよいよ，直流回路の消費電力 $P_1 = RI^2$ と交流回路の平均電力 $\overline{P_2} = \frac{RI_m^2}{2}$ とを対応させてみましょう。

$$\overline{P_2} = R\left(\frac{I_m}{\sqrt{2}}\right)^2 \longleftrightarrow P_1 = RI^2$$

（交流回路）　（直流回路）

直流電流 I と対応させる交流回路の電流値を I_e とおくと，I_e は，次の関係を満たします。

$$I_e = \frac{I_m}{\sqrt{2}} \tag{3}$$

この I_e を**電流の実効値**といいます。また，電圧の最大値を V_m とすると，交流回路と直流回路の対応関係は，次のようになります。

$$\overline{P_2} = \frac{V_m^2}{2R} = \frac{1}{R}\left(\frac{V_m}{\sqrt{2}}\right)^2 \longleftrightarrow P_1 = \frac{V^2}{R}$$

（交流回路）　（直流回路）

講義 07 ● 正弦波交流の基礎

よって，**電圧の実効値** V_e は次のようになります．

$$V_e = \frac{V_m}{\sqrt{2}} \tag{4}$$

このように，実効値 V_e, I_e を決めると，

$$\begin{cases} 直流回路：P_1 = VI \\ 交流回路：\overline{P_2} = V_e I_e = \dfrac{V_m}{\sqrt{2}} \cdot \dfrac{I_m}{\sqrt{2}} = \dfrac{V_m I_m}{2} \end{cases}$$

となり，直流と交流の電力を同じ形で表すことができます．

式(3)，(4)の関係は，電流が正弦波で表されることを用いて計算したので，正弦波交流のときのみ成り立つ関係です．正弦波交流以外のときにも成り立つ一般的な関係は，次のようにして求めることができます．

$$\overline{P_2} = R \cdot \frac{1}{T}\int_0^T I_m^2 \sin^2 \omega t\, dt = R \cdot \frac{1}{T}\int_0^T i^2\, dt = R\overline{i^2} = RI_e^2$$

このように，電流の実効値の2乗 I_e^2 は，電流の2乗平均値 $\overline{i^2}$ と等しくなります．よって，次のように表すことができます．

$$I_e = \sqrt{\overline{i^2}} \tag{5}$$

電圧についても同様に表すことができます．式(5)の定義は，正弦波交流以外の交流電流に対しても一般的に適用することができます．

演習問題 7.1 周波数が 50〔kHz〕の交流の周期 T はいくらか．

解答&解説 周波数 f〔Hz〕と周期 T〔s〕の間には，

$$f = \frac{1}{T}$$

の関係があるので，

$$T = \frac{1}{f} = \frac{1}{50 \times 10^3} = 2.0 \times 10^{-5} 〔s〕 \quad \cdots\cdots \text{（答）}$$

> **演習問題 7.2** 実効値が 20〔A〕の正弦波交流の電流の最大値 I_m はいくらか。

解答&解説 正弦波交流では，実効値 I_e と最大値 I_m の間に，

$$I_e = \frac{I_m}{\sqrt{2}}$$

の関係があるので，

$$I_m = \sqrt{2}\, I_e = 28 \,〔A〕 \quad \cdots\cdots \text{（答）}$$

LECTURE 08 素子の交流特性

ここでは，抵抗，コンデンサ，コイルに正弦波交流電圧をかけたときの特性について学びましょう。

8.1 抵抗の交流特性

図 8.1 のように，正弦波交流電圧 $v = V_m \sin \omega t$ を抵抗 R にかけると，どのような電流が流れるでしょうか。抵抗を流れる電流 i は，オームの法則より，

$$v = Ri$$

を満たします。よって，

$$i = \frac{v}{R} = \frac{V_m}{R} \sin \omega t$$

となり，電流の位相は，電圧の位相と等しいことが分かります。電流の最大値 $\frac{V_m}{R} = I_m$ とおくと，抵抗で消費される瞬間電力 p は，

$$p = vi = V_m I_m \sin^2 \omega t = V_m I_m \frac{1 - \cos 2\omega t}{2}$$

2倍角の公式

と表され，平均電力 $\bar{p}$ は，電圧，電流の実効値を V_e, I_e とおくと，

図 8.1 ● 抵抗の交流特性

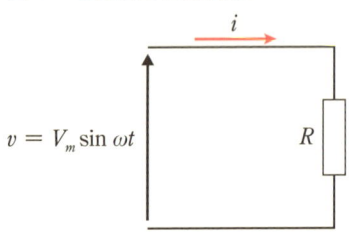

図 8.2 ● 抵抗における消費電力

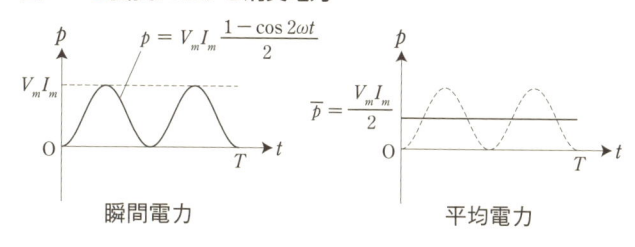

瞬間電力／平均電力のグラフ

$$\overline{p} = V_m I_m \overline{\sin^2 \omega t} = V_m I_m \overline{\frac{1-\cos 2\omega t}{2}} = \frac{V_m I_m}{2} = V_e I_e$$

となります。瞬間電力と平均電力のグラフは **図 8.2** のようになります。

8.2 コンデンサの交流特性

抵抗の交流特性を求めたのと同じようにしてコンデンサの交流特性を求めてみましょう。**図 8.3** のように静電容量 C のコンデンサに電圧 $v = V_m \sin \omega t$ をかける場合を考えます。コンデンサに蓄えられる電荷を q とおくと，

$$q = Cv$$

が成り立ちます。ここで，電流の定義が「単位時間に断面を通過する正電荷の量」だったことを思い出してください。断面を通過した量と，コンデンサの電荷の単位時間あたりの変化量が等しくなるので，電流 i と電荷 q の間には次の関係が成り立ちます。

$$i = \frac{dq}{dt} \tag{1}$$

例えば，**図 8.4** のように，単位時間に断面を 1〔C〕の電荷が通過したとき，コンデンサの電荷も 1〔C〕だけ変化します。

図 8.3 ● コンデンサの交流特性

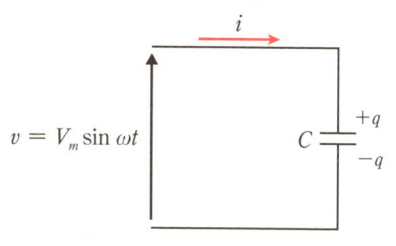

図8.4●電流は電荷の変化率と等しい

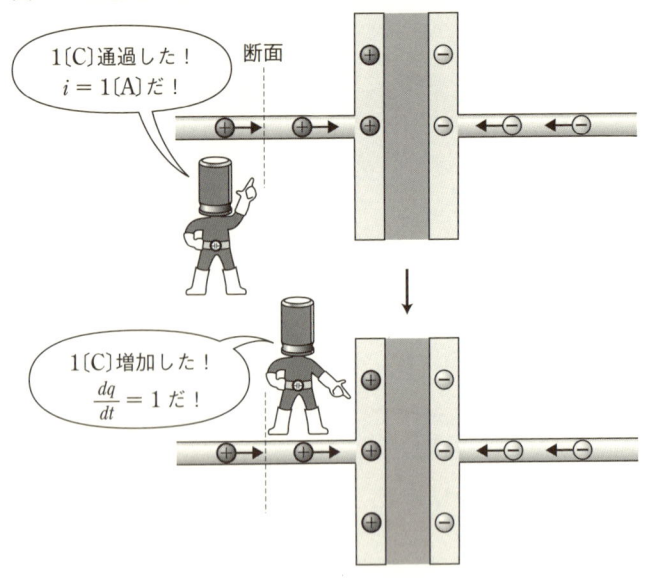

(1〔C〕通過した！ $i=1$〔A〕だ！)

(1〔C〕増加した！ $\frac{dq}{dt}=1$ だ！)

式(1)の関係を用いると，コンデンサに流れる電流は，

$$i = \frac{dq}{dt} = C\frac{dv}{dt} = \omega C V_m \cos \omega t \tag{2}$$

となります。**図8.5**のように，電圧と電流の位相差を比較するために，時間変化のグラフを描いてみると，電流の位相は，電圧の位相に比べて$\frac{\pi}{2}$進んでいることが分かります。

また，電流の最大値をI_mとおくと，式(2)より，

$I_m = \omega C V_m$

図8.5●コンデンサにおける電圧と電流の位相差

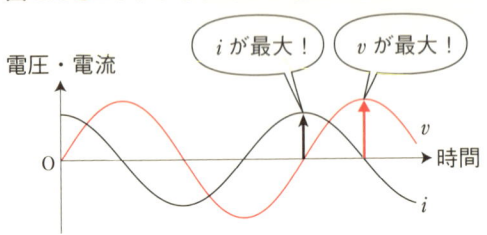

(iが最大！) (vが最大！)

電圧vが最大になる前に電流iが最大になる

となります。ここで，直流回路における抵抗の概念を交流回路へ拡張し，「抵抗に相当する量 X」を，実効値 V_e，I_e の比として次のように決めます。

$$X = \frac{V_e}{I_e}$$

$V_e = \frac{V_m}{\sqrt{2}}$，$I_e = \frac{I_m}{\sqrt{2}}$ ですから，結局 X は，

$$X = \frac{V_m/\sqrt{2}}{I_m/\sqrt{2}} = \frac{V_m}{I_m}$$

と等しくなります。この X を**リアクタンス**といいます。単位は抵抗と同じオーム（[Ω]）を用います。

コンデンサのリアクタンス X_C は，

$$X_C = \frac{V_m}{I_m} = \frac{1}{\omega C}$$

となります。コンデンサのリアクタンスのことを，特に**容量リアクタンス**といいます。

コンデンサで消費される時間とともに変化する電力（瞬間電力）p は，

$$p = vi = V_m I_m \sin\omega t \cos\omega t = V_m I_m \frac{\sin 2\omega t}{2} \quad \text{（2倍角の公式）}$$

と表され，平均電力 $\overline{p}$ は，

$$\overline{p} = V_m I_m \overline{\sin\omega t \cos\omega t} = V_m I_m \overline{\frac{\sin 2\omega t}{2}} = 0$$

となります。瞬間電力と平均電力のグラフは**図 8.6** のようになります。

図 8.6 ● コンデンサにおける消費電力

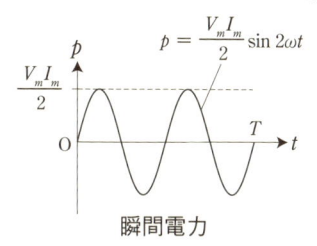

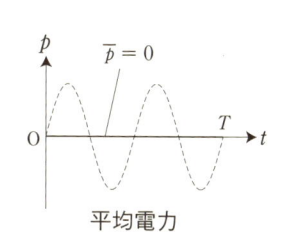

瞬間電力　　　　　　　　　　　　　平均電力

8.3 コイルの交流特性

抵抗やコンデンサの交流特性を求めたのと同じようにしてコイルの交流特性を求めてみましょう。図 8.7 のように自己インダクタンス L のコイルに電圧 $v = V_m \sin \omega t$ をかける場合を考えます。コイルを流れる電流を i とおくと，

$$V_m \sin \omega t = L \frac{di}{dt}$$

よって，

$$\frac{di}{dt} = \frac{V_m}{L} \sin \omega t \tag{3}$$

式 (3) を時間で積分すると，

$$i = -\frac{V_m}{\omega L} \cos \omega t \tag{4}$$

となります。定電圧源が接続されていない交流回路では，電流や電圧の振動中心が 0 になるので，積分定数を 0 にとって構いません。図 8.8 のように，

図 8.7 ● コイルの交流特性

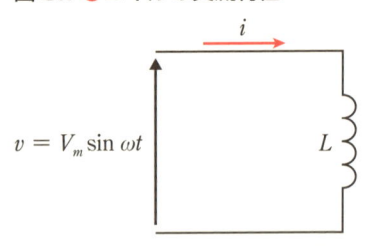

図 8.8 ● コイルにおける電圧と電流の位相差

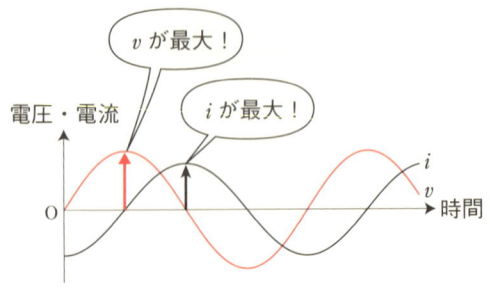

電圧 v が最大になった後に電流 i が最大になる

図 8.9 ● コイルにおける消費電力

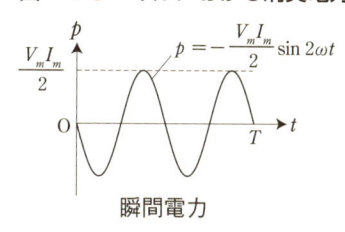

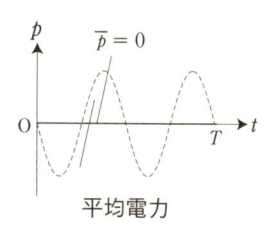

瞬間電力 / 平均電力

電圧と電流の位相差を比較するために，時間変化のグラフを描いてみると，電流の位相は，電圧の位相に比べて $\frac{\pi}{2}$ 遅れていることが分かります。

また，電流の最大値を I_m とおくと，式(4)より，

$$I_m = \frac{V_m}{\omega L}$$

となります。定義にしたがってリアクタンスを求めると，コイルのリアクタンス X_L は，

$$X_L = \frac{V_m}{I_m} = \omega L$$

となります。コイルのリアクタンス X_L のことを，特に**誘導リアクタンス**といいます。

コイルで消費される瞬間電力 p は，

$$p = vi = -V_m I_m \sin\omega t \cos\omega t = -V_m I_m \frac{\sin 2\omega t}{2}$$

（2倍角の公式）

と表され，平均電力 $\overline{p}$ は，

$$\overline{p} = -\frac{V_m I_m}{2}\overline{\sin 2\omega t} = 0$$

となります。瞬間電力と平均電力のグラフは**図 8.9**のようになります。

> **演習問題 8.1** 容量リアクタンスが $10\,[\Omega]$ のコンデンサに最大電圧 $30\,[V]$ の正弦波交流電圧をかけたときの電流の実効値を求めよ。

解答&解説 電圧の最大値を V_m，電流の最大値を I_m，容量リアクタンスを X_C とすると，

$$I_m = \frac{V_m}{X_C} = \frac{30}{10} = 3.0 \text{[A]}$$

よって，電流の実効値 I_e は，

$$I_e = \frac{I_m}{\sqrt{2}} = \frac{3.0}{\sqrt{2}} = 2.1 \text{[A]} \quad \cdots\cdots \text{（答）}$$

> **演習問題 8.2** 誘導リアクタンス 20〔Ω〕のコイルに正弦波交流電流を流したところ，電流計の目盛りは 2〔A〕を示した。コイルの両端にかかる電圧の実効値と，コイルで消費される平均電力を求めよ。

解答&解説 電流計の目盛りは実効値を示すから，電流の実効値 I_e は，

$$I_e = 2 \text{[A]}$$

よって，電圧の実効値 V_e は，

$$V_e = X_L \cdot I_e = 20 \cdot 2 = 40 \text{[V]} \quad \cdots\cdots \text{（答）}$$

コイルでは電力は消費されないから，平均電力 $\overline{p}$ は，

$$\overline{p} = 0 \text{[W]} \quad \cdots\cdots \text{（答）}$$

LECTURE 09 インピーダンス

　直流電源に抵抗を2つ以上接続したときは，合成抵抗を計算すると便利でした。この考えを交流回路に拡張すると，どのようになるでしょうか。

9.1 インピーダンス

　これまで学んできたように，直流回路と交流回路は，消費電力が等しくなるように対応させました。そして，そこから，電流，電圧，抵抗に対応する量を定義しました。それを，表にまとめると，以下のようになります。

直流回路	交流回路
$p = VI$	$\overline{p} = \dfrac{V_m}{\sqrt{2}} \cdot \dfrac{I_m}{\sqrt{2}}$
I	$I_e = \dfrac{V_m}{\sqrt{2}}$
V	$V_e = \dfrac{V_m}{\sqrt{2}}$
$R = \dfrac{V}{I}$	$X = \dfrac{V_e}{I_e} = \dfrac{V_m}{I_m}$
合成抵抗 R'	インピーダンス Z

　直流回路の合成抵抗に対応する量が，交流回路における**インピーダンス**です。インピーダンスは，電源を流れる電流の実効値 I_e と，電源電圧の実効値 V_e を用いて，

$$Z = \dfrac{V_e}{I_e}$$

と定義されます。単位はオーム（$[\Omega]$）です。直流回路と異なる点は，インピーダンスの値が角周波数 ω に依存して変化することです。**角周波数特性**（ω 依存性）を調べることは，交流回路の性質を調べる上でとても重要です。

9.2 並列交流回路

図9.1のように,抵抗値 R の抵抗と,静電容量 C のコンデンサを並列に接続した回路に,正弦波交流電圧 $v = V_m \sin \omega t$ をかけたとき,どのような電流が流れるのか考えてみましょう。

図 9.1 の回路の回路方程式は,

$$\begin{cases} V_m \sin \omega t = R i_1 & (1) \\ V_m \sin \omega t = \dfrac{q}{C} & (2) \end{cases}$$

式(1)より,

$$i_1 = \frac{V_m}{R} \sin \omega t$$

式(2)より,

$$q = C V_m \sin \omega t$$

となるから,

$$i_2 = \frac{dq}{dt} = \omega C V_m \cos \omega t$$

よって,キルヒホッフの第1則より,

$$\begin{aligned} i &= i_1 + i_2 \\ &= V_m \left\{ \frac{1}{R} \sin \omega t + \omega C \cos \omega t \right\} \quad \text{三角関数の合成} \\ &= V_m \sqrt{\left(\frac{1}{R}\right)^2 + (\omega C)^2} \sin(\omega t + \phi) \end{aligned} \quad (3)$$

図 9.1 ● 抵抗とコンデンサを並列接続した交流回路

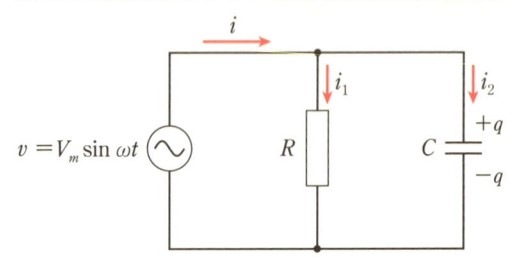

図 9.2 ● 三角関数の合成

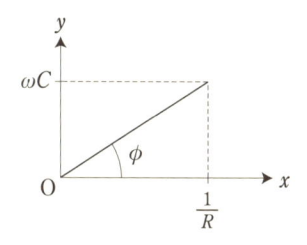

ここで，ϕ は**図 9.2** を満たす角度で，初期位相を表しています。式(3)より，電流の最大値 I_m を求めると，次のようになります。

$$I_m = V_m \sqrt{\left(\frac{1}{R}\right)^2 + (\omega C)^2}$$

講義 08 でリアクタンスを求めたときと同じようにして，この回路の「合成抵抗に相当する量」，つまりインピーダンス Z を計算してみましょう。

$$Z = \frac{V_m}{I_m} = \frac{1}{\sqrt{\left(\frac{1}{R}\right)^2 + (\omega C)^2}}$$

この式を見ると，ω を大きくするほど Z が小さくなり，回路に電流が流れやすくなることが分かります。

9.3 直列交流回路

図 9.3 のように，抵抗値 R の抵抗と自己インダクタンス L のコイルを直列に正弦波交流電圧 $v = V_m \sin \omega t$ をかけたとき，どのような電流が流れるのか考えてみましょう。

図 9.3 ● 抵抗とコイルを直列接続した交流回路

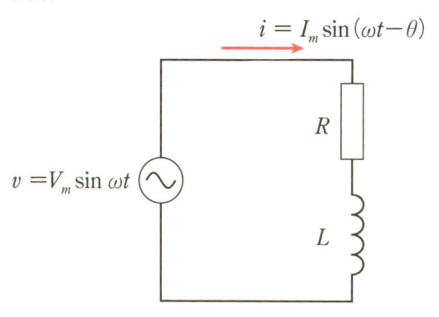

図9.3の回路の回路方程式は，

$$V_m \sin \omega t - L\frac{di}{dt} = Ri \tag{4}$$

となりますが，電源に異なる種類の素子が直列に接続されている場合，回路方程式を直接微分したり，積分したりして電流を求めることができません。そこで，I_m と電源に対する位相のずれ θ を未知数として，電流 i を次のようにおきます。

$$i = I_m \sin(\omega t - \theta) \tag{5}$$

式(5)を式(4)に代入して得られる関係式から，I_m と θ を決定していきましょう。式(4)に代入するために，式(5)を時間で微分すると，

$$\frac{di}{dt} = \omega I_m \cos(\omega t - \theta) \tag{6}$$

式(5)，(6)を式(4)に代入すると，

$$V_m \sin \omega t - \omega L I_m \cos(\omega t - \theta) = R I_m \sin(\omega t - \theta)$$
$$V_m \sin \omega t = R I_m \sin(\omega t - \theta) + \omega L I_m \cos(\omega t - \theta)$$
$$\boxed{三角関数の合成} = I_m \sqrt{R^2 + (\omega L)^2} \sin(\omega t - \theta + \phi) \tag{7}$$

ここで，ϕ は**図9.4**を満たす角度です。

式(7)の両辺が任意の時刻 t について等しくなるためには，振幅と位相が一致しなくてはならないので，以下の関係式が得られます。

$$\begin{cases} V_m = I_m \sqrt{R^2 + (\omega L)^2} \\ 0 = -\theta + \phi \end{cases}$$

よって，はじめに設定した未知数 I_m，θ を求めると，次のようになります。

図9.4●三角関数の合成

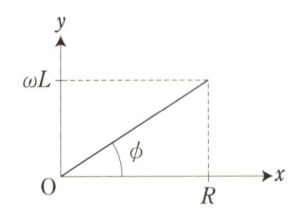

$$\begin{cases} I_m = \dfrac{V_m}{\sqrt{R^2+(\omega L)^2}} \\ \theta = \phi \end{cases}$$

また，この回路のインピーダンス Z は，次のようになります。

$$Z = \frac{V_m}{I_m} = \sqrt{R^2+(\omega L)^2}$$

この式を見ると，ω を大きくするほど，Z が大きくなり，電流が流れにくくなることが分かります。

演習問題 9.1 抵抗値 R の抵抗，自己インダクタンス L のコイルを並列に接続し，電圧 $v=V_m\sin\omega t$ をかけたとき，回路に流れる電流 i, i_1, i_2 と，この回路のインピーダンス Z を求めよ。

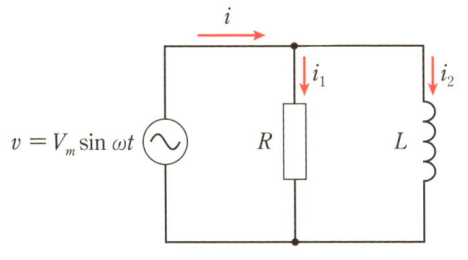

解答&解説 この回路の回路方程式は，

$$\begin{cases} V_m\sin\omega t = Ri_1 & (1) \\ V_m\sin\omega t - L\dfrac{di_2}{dt} = 0 & (2) \end{cases}$$

式(1)より，

$$i_1 = \frac{V_m}{R}\sin\omega t \quad \cdots\cdots \text{（答）}$$

式(2)より，

$$\frac{di_2}{dt} = \frac{V_m}{L}\sin\omega t$$

$$\therefore i_2 = -\frac{V_m}{\omega L}\cos\omega t \quad \cdots\cdots \text{（答）}$$

キルヒホッフの第1則より，

$$i = i_1 + i_2$$
$$= \frac{V_m}{R}\sin \omega t - \frac{V_m}{\omega L}\cos \omega t$$
$$= V_m\sqrt{\left(\frac{1}{R}\right)^2 + \left(\frac{1}{\omega L}\right)^2}\sin(\omega t - \phi) \cdots\cdots （答） \quad (3)$$

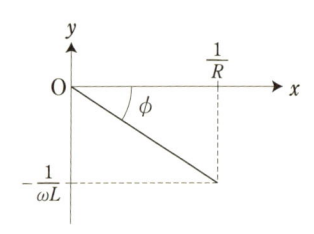

ここで，ϕ は下図で表される角度です。

また，電流の最大値を I_m とおくと，式(3)より，
$$I_m = V_m\sqrt{\left(\frac{1}{R}\right)^2 + \left(\frac{1}{\omega L}\right)^2}$$

よって，インピーダンス Z は，
$$Z = \frac{V_m}{I_m} = \frac{1}{\sqrt{\left(\frac{1}{R}\right)^2 + \left(\frac{1}{\omega L}\right)^2}} \cdots\cdots （答）$$

演習問題 9.2

抵抗値 R の抵抗，静電容量 C のコンデンサを直列に接続し，電圧 $v = V_m \sin \omega t$ をかけたとき，この回路のインピーダンス Z を求めよ。

解答&解説 この回路の回路方程式は，

$$V_m \sin \omega t = Ri + \frac{q}{C} \qquad (1)$$

回路を流れる電流を

$$i = I_m \sin(\omega t - \theta)$$

とおくと，

$$q = \int i\, dt = -\frac{I_m}{\omega} \cos(\omega t - \theta)$$

よって，式(1)に代入して，

$$V_m \sin \omega t = RI_m \sin(\omega t - \theta) - \frac{I_m}{\omega C} \cos(\omega t - \theta)$$

$$= I_m \sqrt{R^2 + \left(\frac{1}{\omega C}\right)^2} \sin(\omega t - \theta + \phi) \qquad (2)$$

ここで，ϕ は下図で表される角度です。

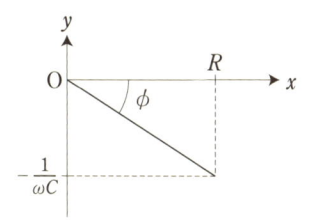

式(2)の両辺を比較して，V_m と θ を求めると，

$$\begin{cases} V_m = I_m \sqrt{R^2 + \left(\frac{1}{\omega C}\right)^2} \\ \theta = \phi \end{cases}$$

よって，インピーダンス Z は，

$$Z = \frac{V_m}{I_m} = \sqrt{R^2 + \left(\frac{1}{\omega C}\right)^2} \quad \cdots\cdots \text{（答）}$$

講義 LECTURE 10 複素数の基礎

講義 07 では，正弦波交流を等速円運動の正射影として捉えることができることを学びました。円運動をしていた空間こそ，ここで学ぶ「複素空間」です。複素空間について学ぶことで，正弦波交流をより簡単に理解することができるようになります。

10.1 複素数

$j^2 = -1$ を満たす j を**虚数単位**といいます。高校数学では虚数単位に i を使いますが，電気回路では，電流に i の文字を使うことが多いので，通常，虚数単位には j を用います。実数 a，b を用いて

$$z = a + jb$$

と表される z を**複素数**といいます。a を**実部**，b を**虚部**といいます。

10.2 複素平面

複素数 $z = a + jb$ を，図 10.1 のような平面で表し，この平面を**複素平面**と呼び，複素平面の横軸を**実数軸**（**実軸**），縦軸を**虚数軸**（**虚軸**）と呼びます。原点 O と複素数 z との距離を **z の大きさ**と呼び，絶対値記号を用いて $|z|$ と表します。また，実軸と直線 OZ とのなす角 θ を**偏角**と呼びます。偏角は，

図 10.1 ● 複素平面

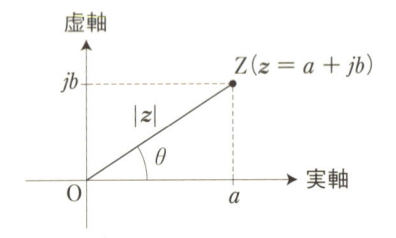

実軸を基準として，反時計周りを正として表します。

複素数 z は，大きさ $|z|$ と偏角 θ を用いて表すことができ，

$$\begin{cases} a = |z|\cos\theta \\ b = |z|\sin\theta \end{cases}$$

という関係が成り立つので，

$$z = a + jb = |z|(\cos\theta + j\sin\theta)$$

となります。このような $|z|$ と θ を用いた表し方を**極形式**といいます。

10.3 フェーザ

複素数 z を**図 10.2** のようなベクトルとして表すことができます。この複素空間でのベクトルを通常の空間ベクトルと区別し，**フェーザ**（phasor）と呼びます。フェーザという用語は**位相ベクトル**（phase vector）を縮めて作られたものです。

図 10.2 で表される複素数を極形式で表すと次のようになります。

$$z = r(\cos\theta + j\sin\theta)$$

これを，

$$z = r\angle\theta \tag{1}$$

と表す場合もあります。式(1)の表し方を**フェーザ表示**といいます。r を**フェーザの長さ（大きさ）**，θ を**位相角（角）**と呼びます。

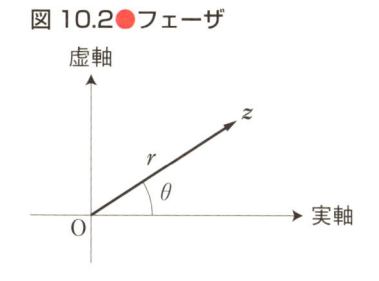

図 10.2 ● フェーザ

10.4 複素数の掛け算・割り算

交流回路の問題を解くために複素数と複素平面を導入するメリットは，複素数の掛け算，割り算のもつ性質にあります。図10.3で表すような2つの複素数 $z_1 = a_1 + jb_1$，$z_2 = a_2 + jb_2$ について，その積を計算してみましょう。

z_1, z_2 の偏角をそれぞれ θ_1, θ_2 とおき，極形式で表すと，

$$z_1 = |z_1|(\cos\theta_1 + j\sin\theta_1) \tag{2}$$

$$z_2 = |z_2|(\cos\theta_2 + j\sin\theta_2) \tag{3}$$

式(2)と式(3)の積を計算すると，次のようになります。

$$\begin{aligned}
z_1 \cdot z_2 &= |z_1||z_2|(\cos\theta_1 + j\sin\theta_1)(\cos\theta_2 + j\sin\theta_2) \\
&= |z_1||z_2|(\cos\theta_1\cos\theta_2 + j\cos\theta_1\sin\theta_2 + j\sin\theta_1\cos\theta_2 + j^2\sin\theta_1\sin\theta_2) \\
&= |z_1||z_2|\{(\cos\theta_1\cos\theta_2 - \sin\theta_1\sin\theta_2) + j(\cos\theta_1\sin\theta_2 + \sin\theta_1\cos\theta_2)\} \\
&= |z_1||z_2|\{\cos(\theta_1 + \theta_2) + j\sin(\theta_1 + \theta_2)\}
\end{aligned}$$

加法定理

$z_1 \cdot z_2$ は，大きさが $|z_1||z_2|$ で，偏角が $(\theta_1 + \theta_2)$ の複素数になることが分かります。別の言い方をすると，**複素数 z_1 に複素数 z_2 をかける操作は，z_1 の大きさを $|z_2|$ 倍し，偏角を θ_2 だけ正の向きに回転させることを意味します**。これをまとめたのが図10.4です。

図 10.3 ● 2つの複素数

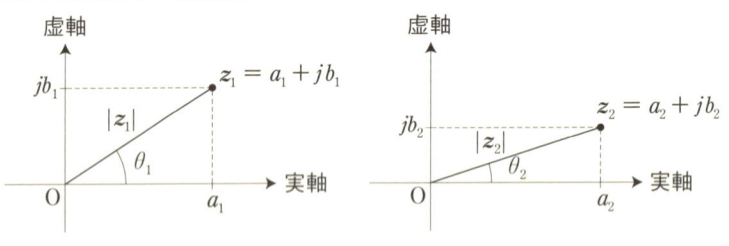

図 10.4 ● 複素数の掛け算

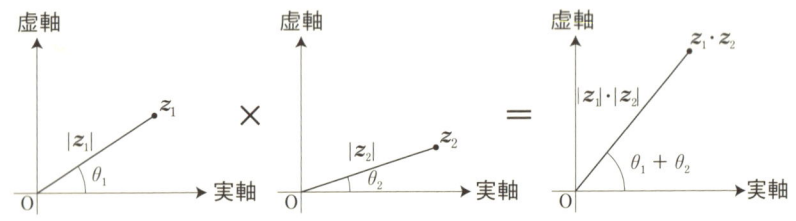

次に割り算についても同様に計算してみましょう。式(2)/式(3)を計算すると，次のようになります。

$$\frac{z_1}{z_2} = \frac{|z_1|}{|z_2|} \frac{(\cos\theta_1 + j\sin\theta_1)}{(\cos\theta_2 + j\sin\theta_2)}$$

$$= \frac{|z_1|}{|z_2|} \frac{(\cos\theta_1 + j\sin\theta_1)(\cos\theta_2 - j\sin\theta_2)}{(\cos\theta_2 + j\sin\theta_2)(\cos\theta_2 - j\sin\theta_2)}$$

$$= \frac{|z_1|}{|z_2|} \frac{\cos\theta_1\cos\theta_2 - j\cos\theta_1\sin\theta_2 + j\sin\theta_1\cos\theta_2 - j^2\sin\theta_1\sin\theta_2}{\cos^2\theta_2 + \sin^2\theta_2}$$

$$= \frac{|z_1|}{|z_2|} \{(\cos\theta_1\cos\theta_2 + \sin\theta_1\sin\theta_2) + j(\sin\theta_1\cos\theta_2 - \cos\theta_1\sin\theta_2)\}$$

$$= \frac{|z_1|}{|z_2|} \{\cos(\theta_1 - \theta_2) + j\sin(\theta_1 - \theta_2)\} \quad \text{加法定理}$$

$\dfrac{z_1}{z_2}$ は，大きさが $\dfrac{|z_1|}{|z_2|}$ で，偏角が $(\theta_1 - \theta_2)$ の複素数になることが分かります。別の言い方をすると，**複素数 z_1 を複素数 z_2 で割る操作は，z_1 の大きさを $\dfrac{1}{|z_2|}$ 倍し，偏角を θ_2 だけ負の向きに回転させることを意味します**。これをまとめたのが図 10.5 です。

つまり，ある複素数に $z = r(\cos\theta + j\sin\theta)$ を掛ければ，その複素数は大きさが r 倍され，偏角が $+\theta$ だけ回転し，$z = r(\cos\theta + j\sin\theta)$ で割れば，大きさが $\dfrac{1}{r}$ 倍され，偏角が $-\theta$ だけ回転します。複素の掛け算・割り算は，複素平面における拡大・縮小回転変換を表しているのです。

図 10.5 ● 複素数の割り算

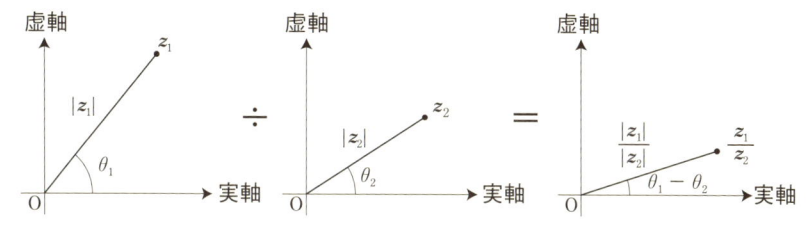

10.5 複素共役

複素数の大きさとは，複素平面において示される点と原点との距離を意味していました。図 10.6 で示す $z = a + jb$ の大きさ $|z|$ は，三平方の定理を用いて次のようになります。

$$|z| = \sqrt{a^2 + b^2}$$

これを 2 乗すると，

$$|z|^2 = a^2 + b^2$$

となります。

ここで注意してほしいのは，$|z|^2$ と z^2 は，一般的には一致しないということです。「2 乗すれば絶対値をはずすことができる」というのは，実数の世界での常識であって複素数では成り立ちません。z^2 は，大きさ $|z|^2$ で偏角 2θ の複素数になります。

その代わりに，$\overline{z} = a - jb$ という複素数を用意して，z との積をとると，

$$z \cdot \overline{z} = (a + jb)(a - jb) = a^2 - (jb)^2 = a^2 + b^2 = |z|^2$$

という関係を満たします。$\overline{z}$ を z の**複素共役**といいます。z と $\overline{z}$ の関係を図示すると図 10.7 のようになります。

図 10.6 ●複素数の大きさ

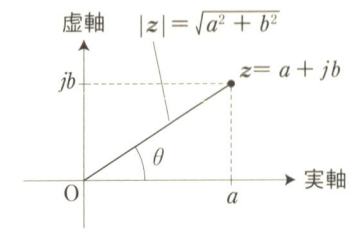

図 10.7 ●複素共役

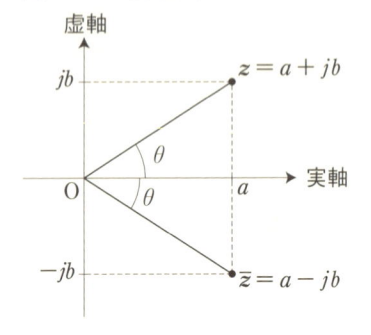

10.6 オイラーの公式

指数関数と三角関数との間には，次のような関係が成り立ちます。

$$e^{j\theta} = \cos\theta + j\sin\theta \tag{4}$$

式(4)を**オイラーの公式**といいます。オイラーの公式の証明は本書では扱いませんが，複素数の魅力はすべてオイラーの公式がもとになっていますので，数学の教科書を見て，証明を確認しておいてください。オイラーの公式を用いると，複素数の掛け算，割り算で登場した性質を簡単に導くことができます。

$$\boldsymbol{z}_1 = |\boldsymbol{z}_1|(\cos\theta_1 + j\sin\theta_1) = |\boldsymbol{z}_1|e^{j\theta_1} \tag{5}$$

$$\boldsymbol{z}_2 = |\boldsymbol{z}_2|(\cos\theta_2 + j\sin\theta_2) = |\boldsymbol{z}_2|e^{j\theta_2} \tag{6}$$

とおき，$\boldsymbol{z}_1 \cdot \boldsymbol{z}_2$ を計算すると，

$$\boldsymbol{z}_1 \cdot \boldsymbol{z}_2 = |\boldsymbol{z}_1||\boldsymbol{z}_2|e^{j\theta_1}e^{j\theta_2} = |\boldsymbol{z}_1||\boldsymbol{z}_2|e^{j(\theta_1 + \theta_2)}$$

となり，大きさが $|\boldsymbol{z}_1||\boldsymbol{z}_2|$ で偏角が $(\theta_1 + \theta_2)$ となることが分かります。

また，$\dfrac{\boldsymbol{z}_1}{\boldsymbol{z}_2}$ を計算すると，

$$\frac{\boldsymbol{z}_1}{\boldsymbol{z}_2} = \frac{|\boldsymbol{z}_1|}{|\boldsymbol{z}_2|}e^{j\theta_1}e^{-j\theta_2} = \frac{|\boldsymbol{z}_1|}{|\boldsymbol{z}_2|}e^{j(\theta_1 - \theta_2)}$$

となり，大きさが $\dfrac{|\boldsymbol{z}_1|}{|\boldsymbol{z}_2|}$ で偏角が $(\theta_1 - \theta_2)$ となることが分かります。このように，オイラーの公式を用いれば，複素数の掛け算，割り算の性質を簡単に導くことができます。

10.7 複素数の微分・積分

オイラーの公式を用いて複素数を指数関数で表すと，微分公式や積分公式を簡単に導くことができます。

実数関数では，

$$y = Ce^{ax}$$

を x で微分すると，

$$\frac{dy}{dx} = aCe^{ax}$$

となり，x で積分すると，

$$\int y dx = \frac{1}{a} Ce^{ax} + A \quad (積分定数)$$

となります。この関係を複素数にも拡張することができ，複素数を含む関数

$$\boldsymbol{z} = Ce^{ja\theta}$$

を θ で微分すると，

$$\frac{d\boldsymbol{z}}{d\theta} = jaCe^{ja\theta}$$

となり，θ で積分すると，

$$\int \boldsymbol{z} d\theta = \frac{1}{ja} Ce^{ja\theta} + B \quad (積分定数)$$

となります。これらの計算は，交流回路においてリアクタンスを求めるときに役立ちます。

演習問題 10.1 複素数 $\boldsymbol{z} = 3 + j\sqrt{3}$ に j をかけた複素数を $\boldsymbol{z}_1$，j で割った複素数を $\boldsymbol{z}_2$ とする。$\boldsymbol{z}_1$ と $\boldsymbol{z}_2$ を求め，フェーザ表示で表せ。

解答&解説 $\boldsymbol{z}$ を図示すると以下（左図）のようになります。また，j と $\frac{1}{j} = -j$ を図示すると，以下（右図）のようになります。

$j = 1\angle 90°$ より，ある複素数に j を掛けると大きさはそのままで $90°$ 回転します。また，$\frac{1}{j} = 1\angle(-90°)$ より，$\frac{1}{j}$ を掛ければ，大きさはそのままで $-90°$ 回転します。よって，$\boldsymbol{z}$ のフェーザ表示は，$\boldsymbol{z} = 2\sqrt{3} \angle 30°$ となるから，

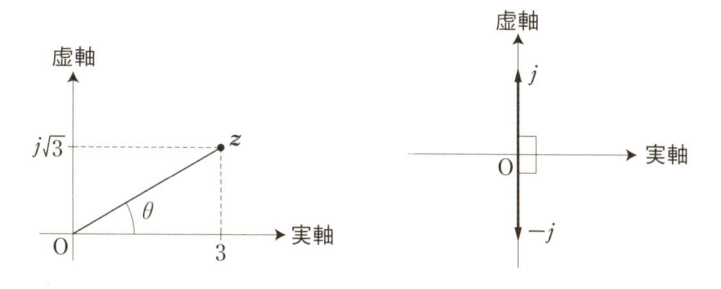

$z_1 = zj = 2\sqrt{3} \angle (30° + 90°) = 2\sqrt{3} \angle 120°$ ……（答）

$z_2 = \dfrac{z}{j} = 2\sqrt{3} \angle (30° - 90°) = 2\sqrt{3} \angle (-60°)$ ……（答）

演習問題 10.2　$z_1 = 1 + j\sqrt{3}$, $z_2 = 2 + j2$ のとき，$z_1 \cdot z_2$ の大きさと偏角を求めよ。

解答&解説　z_1, z_2 を複素平面上に図示すると，以下のようになります。
よって，$z_1 \cdot z_2$ の大きさは，

$$|z_1 \cdot z_2| = 2 \times 2\sqrt{2} = 5.7 \text{ ……（答）}$$

$z_1 \cdot z_2$ の偏角 θ は，

$$\theta = 60° + 45° = 105° \text{ ……（答）}$$

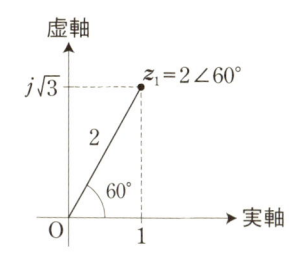

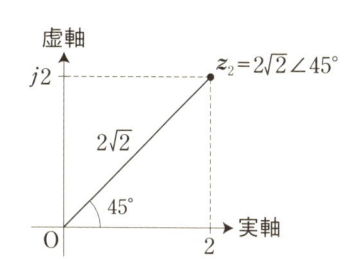

講義 LECTURE 11 正弦波交流の複素数表示

　講義10で複素数を導入したのは，実軸で振動している正弦波交流を，複素平面における等速円運動として捉えるためです。複素数で正弦波交流を表し，そのふるまいを複素平面に図示すると，現象を理解しやすくなります。

11.1 正弦波交流を複素数で表す

　複素平面で，半径 I_m，角速度 ω で等速回転する複素数 I は，大きさ I_m，偏角 ωt の複素数として次のように表すことができます（**図11.1**）。

$$I = I_m e^{j\omega t} = I_m(\cos \omega t + j\sin \omega t)$$

　この複素数の実部をとる，つまり実軸への正射影を考えれば cos 関数になりますし，虚部をとる，つまり虚軸へ正射影を考えれば sin 関数になり，いずれの場合も正弦波を得ることができます。**図11.2** のように，本来は実数の値をもつ正弦波交流を，複素数へ拡張して円運動として捉え，計算した後，最後に虚部，または実部をとれば，解を得ることができます。正弦波の関数が sin 関数なら，計算した後，虚部をとればよいし，cos 関数なら実部をとればよいのです。

図 11.1 ●複素平面を角速度 ω で回転する複素数

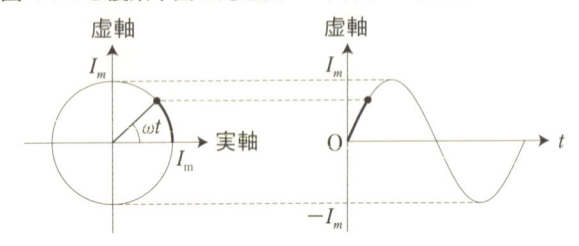

複素平面の等速円運動 ⟺ 正弦波

図 11.2●正弦波交流を複素数に拡張する！

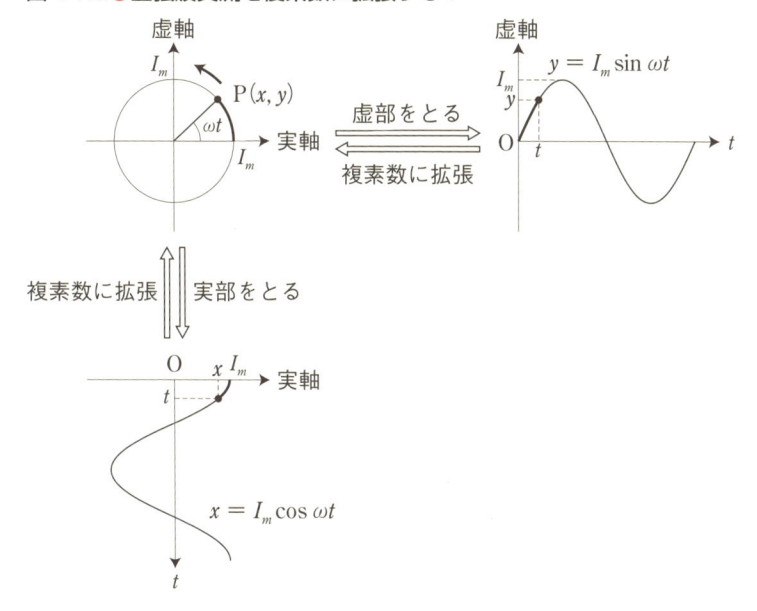

11.2 抵抗値・リアクタンスを複素数へ拡張する

講義 08 では，抵抗，コンデンサ，コイルの交流特性について学びました。ここでは，抵抗値やリアクタンスを複素数へ拡張します。

抵抗から順に考えてみましょう（**図 11.3**）。電圧 $v = V_m \sin \omega t$ を，複素電圧 $V = V_m e^{j\omega t}$ へと拡張します。このとき，抵抗を流れる複素電流 I は，オームの法則より，

$$V = RI$$

図 11.3●抵抗の交流特性

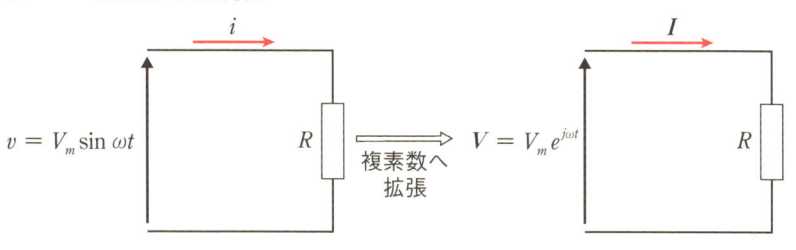

を満たします。よって，

$$I = \frac{V}{R} = \frac{V_m}{R} e^{j\omega t}$$

となり，実数で考えても複素数で考えても，当然のことならが，電流の位相は電圧の位相と等しくなります。複素電流の大きさを I_m とおくと，

$$I_m = \frac{V_m}{R}$$

となります。電流の最大値と一致します。

次に，コンデンサの場合について考えてみましょう。**図 11.4** のように静電容量 C のコンデンサに電圧 $v = V_m \sin \omega t$ をかけます。電圧を複素電圧 $V = V_m e^{j\omega t}$ へ拡張し，複素電流を I とおくと，コンデンサに蓄えられる電荷 q は，

$$q = CV$$

を満たします。よって，

$$I = \frac{dq}{dt} = j\omega C V_m e^{j\omega t} = j\omega C V$$

（下線部：V）

が成り立ちます。

次に，リアクタンスを複素数へ拡張します。容量リアクタンス X_C は，次のように複素数で表されます。

$$X_C = \frac{V}{I} = \frac{1}{j\omega C}$$

複素数で考えると，$V = XI$ より，リアクタンス X は，「電流 I をどのように変換すれば電圧 V になるか」を表す拡大縮小回転変換装置だと捉えることができます。コンデンサの容量リアクタンスは，

図 11.4 ● コンデンサの交流特性

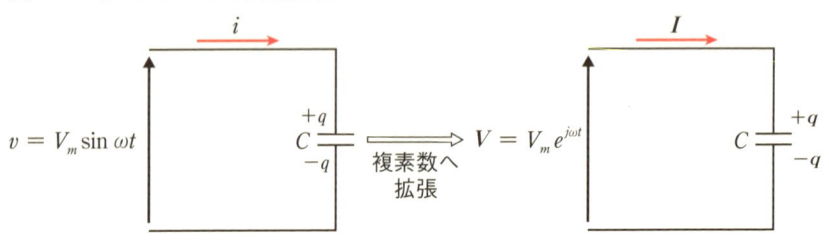

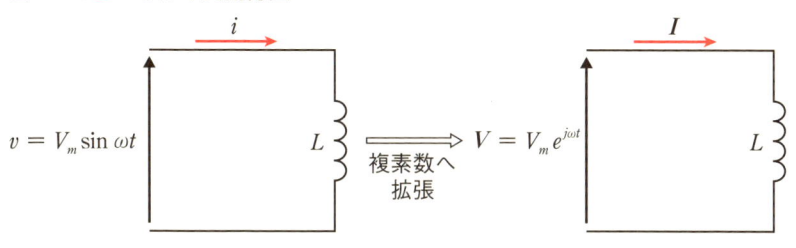

図 11.5●コンデンサの電流と電圧の位置関係

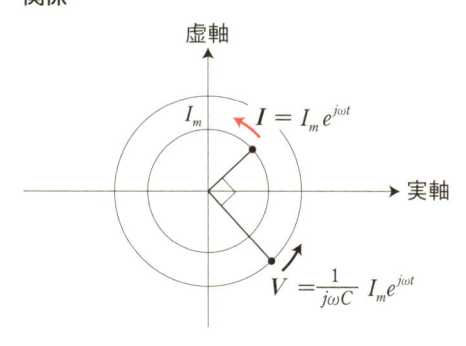

$$X_C = \frac{1}{j\omega C}$$

より,「電流 I の大きさを $\frac{1}{\omega C}$ 倍して,位相を $-\frac{\pi}{2}$ 回転させると電圧 V になる」と解釈することができます(**図 11.5**)。

最後に,コイルについても同様に考えてみましょう。**図 11.6** のように自己インダクタンス L のコイルに電圧 $v = V_m \sin \omega t$ をかけます。

電圧を複素電圧 $V = V_m e^{j\omega t}$ へ拡張し,複素電流を I とおくと,

$$V - L\frac{dI}{dt} = 0$$

を満たします。よって,

$$\frac{dI}{dt} = \frac{V}{L} = \frac{V_m}{L} e^{j\omega t}$$

$$I = \int \frac{dI}{dt} dt = \underbrace{\frac{V_m}{j\omega L} e^{j\omega t}}_{V} = \frac{V}{j\omega L}$$

図 11.6●コイルの交流特性

図11.7●コイルの電流と電圧の位置関係

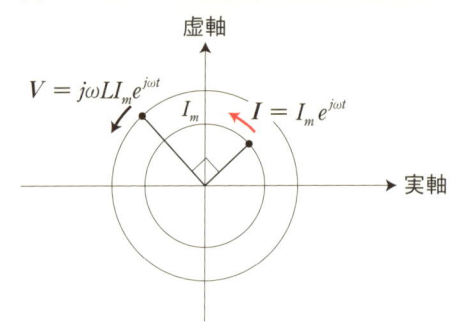

が成り立ちます。誘導リアクタンス X_L を計算すると，

$$X_L = \frac{V}{I} = j\omega L$$

となり，X_L は大きさを ωL 倍して，位相を $\frac{\pi}{2}$ 変化させる複素数になります。よって，電流 I の大きさを ωL 倍して，位相を $\frac{\pi}{2}$ 回転させると電圧 V になることが分かります（**図11.7**）。

演習問題 11.1 静電容量 C のコンデンサに交流電流 $i = I_m \sin \omega t$ を流したとき，コンデンサの両端の電圧 v の大きさはいくらになるか。また，電圧 v の位相は電流 i に比べてどうなるか。

解答&解説 コンデンサを流れる複素電流を I とおくと，

$$I = I_m e^{j\omega t}$$

コンデンサに蓄えられる電荷 q は，

$$q = \int I dt = \frac{1}{j\omega} I_m e^{j\omega t}$$

よって，複素電圧 V は，

$$V = \frac{q}{C} = \frac{1}{j\omega C} I_m e^{j\omega t}$$

となるので，

$$|v|=|V|=\frac{I_m}{\omega C} \quad \cdots\cdots \text{(答)}$$

また，V は，I の大きさを $\frac{1}{\omega C}$ 倍して $-\frac{\pi}{2}$ 回転させた複素数だから，「v の位相は i よりも $\frac{\pi}{2}$ 遅れる」……（答）

コメント 容量リアクタンス $X_C = \frac{1}{j\omega C}$ を用いて，

$$V = X_C I = \frac{1}{j\omega C} I$$

としてもよいです。

演習問題 11.2 自己インダクタンス L のコイルに交流電流 $i = I_m \sin \omega t$ を流したとき，コイルの両端の電圧 v の大きさはいくらになるか。また，電圧 v の位相は電流 i に比べてどうなるか。

解答&解説 コイルを流れる複素電流を I とおくと，

$$I = I_m e^{j\omega t}$$

よって，複素電圧 V は，

$$V = L\frac{dI}{dt} = j\omega L I_m e^{j\omega t}$$

となるので，

$$|v| = |V| = \omega L I_m \quad \cdots\cdots \text{(答)}$$

また，V は，I の大きさを ωL 倍して $\frac{\pi}{2}$ 回転させた複素数だから，「v の位相は i よりも $\frac{\pi}{2}$ 進む」……（答）

コメント 誘導リアクタンス $X_L = j\omega L$ を用いて，

$$V = X_L I = j\omega L I$$

としてもよいです。

講義 LECTURE 12 | 正弦波交流のフェーザ表示

　正弦波交流では，複素平面において複素電圧と複素電流が，ある位置関係を保ちながら角速度一定でクルクルと回転します。回転を止めてその大きさと位置関係だけを表すと，回路の性質を分かりやすく捉えることができます。

12.1 正弦波交流のフェーザ表示

　複素電圧 V と複素電流 I は，複素平面において同じ角速度 ω で回転するので，正弦波交流の性質を複素平面で表すときに，最も基本的な量は，
- 電圧・電流の大きさ
- 電圧・電流の位置関係（位相差）

の2つであり，角速度 ω の回転を無視して考えることが可能です。

　そこで，**図12.1**のように，電圧と電流を静止した**フェーザ図**で表すことにします。このとき，電圧・電流フェーザの大きさは，これらの積が平均電力と関係づけられるように，最大値 V_m，I_m ではなく，実効値 $V_e = \dfrac{V_m}{\sqrt{2}}$，$I_e = \dfrac{I_m}{\sqrt{2}}$ を用います。

図 12.1 ●複素数表示とフェーザ表示

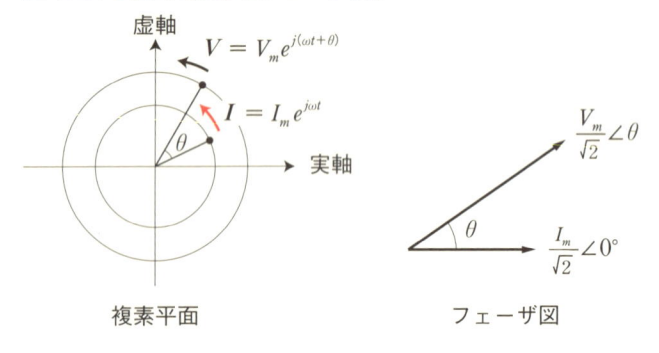

複素平面　　　　フェーザ図

複素数表示から、本質的に重要な量だけをピックアップした図がフェーザ表示になっているわけです。フェーザ図では、電圧または電流の位相角を0°にとって表します。

12.2 素子のフェーザ表示

講義 11 では、抵抗、コンデンサ、コイルに正弦波交流電圧をかけたときの複素平面におけるふるまいを学びましたが、それらをフェーザ図で表すと、よりわかりやすくなります。

抵抗値 R の抵抗に、電圧 $v = V_m \sin \omega t$ をかけたとき、複素数へ拡張すると、複素電圧 V と複素電流 I は次のようになります。

$$V = V_m e^{j\omega t}, \quad I = \frac{V}{R} = \frac{V_m}{R} e^{j\omega t}$$

このとき、電圧と電流が同位相になるので、フェーザ図を描くと、**図 12.2** のように 2 つのフェーザが平行になります。

次に、コンデンサについて考えてみましょう。静電容量 C のコンデンサに電圧 $v = V_m \sin \omega t$ をかけたとき、複素数へ拡張すると、容量リアクタンス $X_C = \dfrac{1}{j\omega C}$ より、複素電圧 V と複素電流 I は次のようになります。

$$V = V_m e^{j\omega t}, \quad I = \frac{V}{X_C} = j\omega C V_m e^{j\omega t}$$

このとき、電流 I は電圧 V に j が掛かっているので、電流の位相は電圧の位相よりも 90° 進みます。そこで、電圧を基準としてフェーザ図を描くと、**図 12.3** のようになります。

図 12.2● 抵抗のフェーザ表示

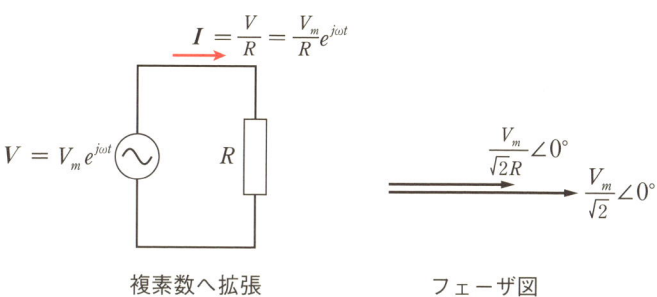

$V = V_m e^{j\omega t}$　　$I = \dfrac{V}{R} = \dfrac{V_m}{R} e^{j\omega t}$　　R

複素数へ拡張

$\dfrac{V_m}{\sqrt{2}R} \angle 0°$

$\dfrac{V_m}{\sqrt{2}} \angle 0°$

フェーザ図

図12.3● コンデンサのフェーザ表示

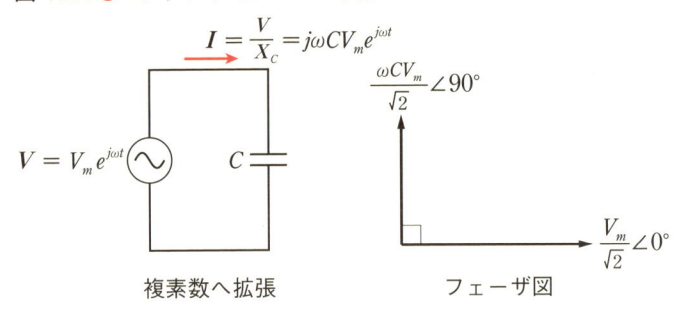

$$I = \frac{V}{X_C} = j\omega C V_m e^{j\omega t}$$

$V = V_m e^{j\omega t}$　　　C

複素数へ拡張

$\frac{\omega C V_m}{\sqrt{2}} \angle 90°$

$\frac{V_m}{\sqrt{2}} \angle 0°$

フェーザ図

図12.4● コイルのフェーザ表示

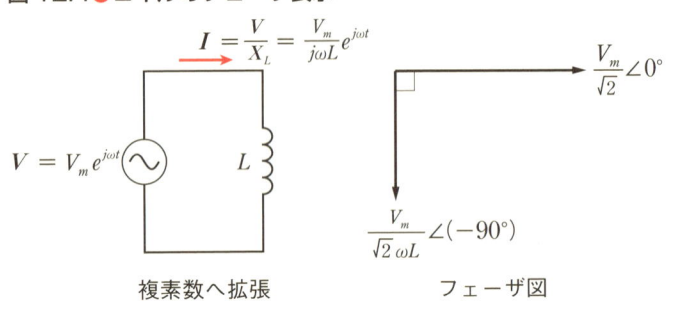

$$I = \frac{V}{X_L} = \frac{V_m}{j\omega L} e^{j\omega t}$$

$V = V_m e^{j\omega t}$　　　L

複素数へ拡張

$\frac{V_m}{\sqrt{2}} \angle 0°$

$\frac{V_m}{\sqrt{2}\,\omega L} \angle (-90°)$

フェーザ図

　最後に，コイルについて考えてみましょう．自己インダクタンス L のコイルに電圧 $v = V_m \sin \omega t$ をかけたとき，複素数へ拡張すると，誘導リアクタンス $X_L = j\omega L$ より，複素電圧 V と複素電流 I は次のようになります．

$$V = V_m e^{j\omega t}, \quad I = \frac{V}{X_L} = \frac{V_m}{j\omega L} e^{j\omega t}$$

　このとき，電流 I は電圧 V に $\frac{1}{j}$ が掛かっているので，電流の位相は電圧の位相よりも $90°$ 遅れます．そこで，電圧を基準としてフェーザ図を描くと，**図12.4**のようになります．

> **演習問題 12.1** 静電容量 C のコンデンサに交流電流 $i = I_m \sin \omega t$ を流したときのフェーザ図を描け（電流フェーザを基準とせよ）。

解答&解説 容量リアクタンス $X_C = \dfrac{1}{j\omega C}$ より，複素電圧 V は，

$$V = X_C I = \dfrac{1}{j\omega C} I$$

よって，電流フェーザを $\dfrac{1}{\omega C}$ 倍して $-90°$ 回転させたものが電圧フェーザになる。

$$\dfrac{I_m}{\sqrt{2}} \angle 0°$$

$$\dfrac{I_m}{\sqrt{2}\,\omega C} \angle (-90°)$$

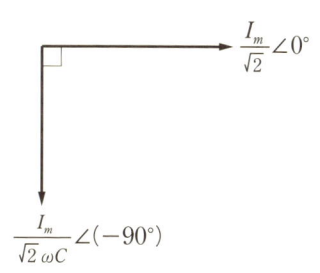

> **演習問題 12.2** 自己インダクタンス L のコイルに交流電流 $i = I_m \sin \omega t$ を流したときのフェーザ図を描け（電流フェーザを基準とせよ）。

解答&解説 誘導リアクタンス $X_L = j\omega L$ より，複素電圧 V は，

$$V = X_L I = j\omega L I$$

よって，電流フェーザを ωL 倍して，$90°$ 回転させたものが電圧フェーザになる。

$$\dfrac{\omega L I_m}{\sqrt{2}} \angle 90°$$

$$\dfrac{I_m}{\sqrt{2}} \angle 0°$$

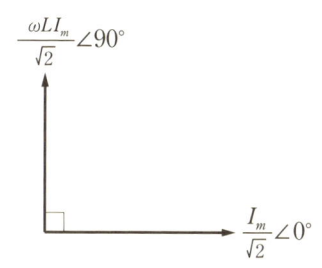

講義 LECTURE 13 複素インピーダンスとアドミタンス

　交流回路を複素数で表すメリットの1つは，交流回路を直流回路と同じ形式で表すことができることです。インピーダンスを複素数で表すと，交流回路を直流回路と同様のやり方で解くことができ，とてもすっきりします。

13.1 複素インピーダンス

　図13.1のように，抵抗値Rの抵抗と自己インダクタンスLのコイルを直列に接続し，正弦波交流電圧$V_m \sin \omega t$をかけたとき，どのような電流が流れるのか考えてみましょう。

　電源電圧のフェーザを

$$V = \frac{V_m}{\sqrt{2}} \angle \theta_V$$

電流のフェーザを

$$I = \frac{I_m}{\sqrt{2}} \angle \theta_I$$

とおきます。

　複素数Zを用いると，抵抗，コイル，コンデンサにかかる電圧Vと，流れる電流Iの関係を

$$V = ZI$$

の形で表すことができます。このZを**複素インピーダンス**，または単に**インピーダンス**といいます。各素子のインピーダンスは，以下のようになります。

図13.1● 抵抗とコイルを直列接続した交流回路

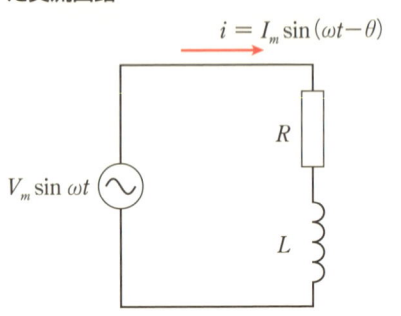

	インピーダンス Z
抵抗	$Z_1 = R$
コイル	$Z_2 = j\omega L$
コンデンサ	$Z_3 = \dfrac{1}{j\omega C}$

図13.1の回路の抵抗とコイルのインピーダンスをそれぞれ Z_1, Z_2 とおくと，回路方程式は，

$$V = Z_1 I + Z_2 I \tag{1}$$

式(1)が，直流回路の回路方程式と同じ形をしていることに注意してくださいね。これより，

$$V = (Z_1 + Z_2)I \tag{2}$$

式(2)のカッコ内は，直流回路における合成抵抗に対応する量なので，この回路の**合成インピーダンス**を表しています。合成インピーダンスを Z とおくと，

$$Z = Z_1 + Z_2 = R + j\omega L \tag{3}$$

となります。これは，**直流回路における抵抗の直列合成則を交流回路へ拡張したもの**になっています。このように，インピーダンスを用いれば，交流回路を直流回路と同じ形式で表すことができるのです。

インピーダンスの直列合成則

$$Z = Z_1 + Z_2$$

インピーダンスの実部は抵抗と一致し，虚部はリアクタンスになっていることに注意してください。

インピーダンスの実部と虚部

$$Z = \underset{\text{抵抗}}{R} + j\underset{\text{リアクタンス}}{X}$$

さらに，インピーダンスの複素数としての性質に着目してみましょう。I

に Z をかけた複素数が V になるのですから、Z が、どのような拡大縮小回転変換装置を表す複素数なのかが分かれば、複素平面における I と V の関係を求めることができます。いま、Z は図13.2のような複素数になっています。

図13.2●Z はどんな複素数？

Z をフェーザ表示で表すと、

$$Z = \sqrt{R^2 + (\omega L)^2} \angle \theta$$

となります。電流 I に Z をかけたものが電圧 V になるので、V と I の関係は、
「I の大きさを $|Z| = \sqrt{R^2 + (\omega L)^2}$ 倍して、θ 回転したものが V になる」
と分かります。フェーザ図を描くと図13.3のようになります。

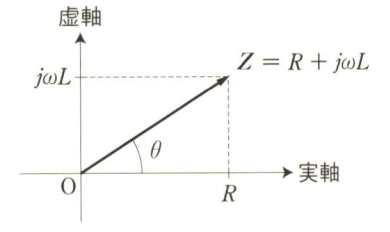

図13.3●フェーザ図

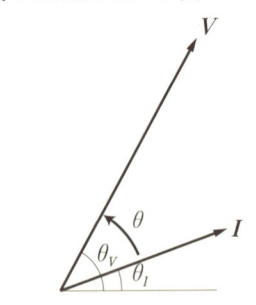

V は I を $|Z|$ 倍して θ 回転したもの

このように、直列交流回路では、「Z がどんな拡大縮小回転装置になっているのか」を調べ、それをもとにフェーザ図を描けば、回路の性質を簡単に理解することができるのです。

13.2 アドミタンス

次に、図13.4のように、抵抗値 R の抵抗と静電容量 C のコンデンサを並列につなぎ、正弦波交流電圧 $v = V_m \sin \omega t$ をかけたときについて考えてみま

図13.4●抵抗とコンデンサを並列接続した交流回路

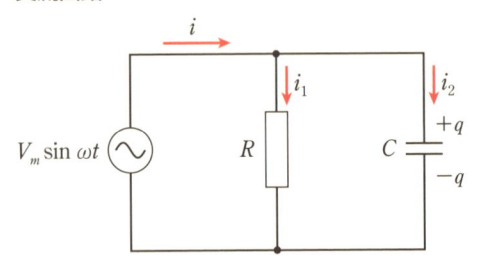

しょう。

電源電圧のフェーザを

$$V = \frac{V_m}{\sqrt{2}} \angle 0°$$

電源を流れる電流のフェーザを

$$I = \frac{I_m}{\sqrt{2}} \angle \theta$$

とおきます。抵抗を流れる複素電流を I_1，コンデンサを流れる複素電流を I_2 とおき，抵抗，コンデンサのインピーダンスをそれぞれ，Z_1，Z_3 とおくと，回路方程式は，

$$\begin{cases} V = Z_1 I_1 \\ V = Z_3 I_2 \end{cases}$$

となります。これは，直流回路と同じ形をしていますね。電流について解くと，次のようになります。

$$I_1 = \frac{V}{Z_1} = \frac{V}{R} \tag{4}$$

$$I_2 = \frac{V}{Z_3} = j\omega C V \tag{5}$$

抵抗，コイル，コンデンサにかかる電圧 V と流れる電流 I の関係を，

$$I = YV$$

と表すとき，Y を**アドミタンス**といいます。単位は**ジーメンス**（記号は〔S〕）です。アドミタンスとインピーダンスとの間には，

$$Y = \frac{1}{Z}$$

の関係があるので，各素子のアドミタンスは，以下のようになります。

	アドミタンス Y
抵抗	$Y_1 = \dfrac{1}{Z_1} = \dfrac{1}{R}$
コイル	$Y_2 = \dfrac{1}{Z_2} = \dfrac{1}{j\omega L}$
コンデンサ	$Y_3 = \dfrac{1}{Z_3} = j\omega C$

式(4), (5)をアドミタンスを用いて書き直すと，次のようになります。

$$I_1 = Y_1 V$$

$$I_2 = Y_3 V$$

また，キルヒホッフの第1則より，電源を流れる複素電流 I は，次のようになります。

$$I = I_1 + I_2 \tag{6}$$

I_1, I_2 を式(6)に代入すると，

$$I = (Y_1 + Y_3) V \tag{7}$$

となります。式(7)のカッコ内は，**合成アドミタンス**を表しています。合成アドミタンスを Y とおくと，

$$Y = Y_1 + Y_3 = \frac{1}{Z_1} + \frac{1}{Z_3} = \frac{1}{R} + j\omega C \tag{8}$$

アドミタンスの合成則は，直流回路におけるコンダクタンスの合成則を交流回路に拡張したものになっています。

アドミタンスの合成則

$$Y = Y_1 + Y_3 = \frac{1}{Z_1} + \frac{1}{Z_3}$$

ここで，アドミタンスの実部は抵抗の逆数になり，講義03で登場したコンダクタンスと一致します。アドミタンスの虚部は**サセプタンス**と呼ばれます。

アドミタンスの実部と虚部

$$Y = G + jB$$

コンダクタンス　サセプタンス

次に，各フェーザを複素平面に図示し，電流 I と電圧 V の関係を求めて

みましょう。

まず，I_1, I_2, I, V の関係をフェーザで表してみましょう。V を基準とすると，I_1 は V と同じ向きで大きさが $\frac{1}{R}$ 倍，I_2 は，V から 90°回転した向きで大きさが ωC 倍のフェーザです。そして，I_1, I_2 をベクトル合成したものが I になります（**図 13.5**）。

図 13.5 ● I_1, I_2, I, V の関係

このようにして，電流 I と電圧 V の関係を求めることができました。並列交流回路では，アドミタンス Y がどんな複素数なのかが分かれば，I と V の関係をさらに簡単に求めることができます。式(8)より，図 13.4 の合成アドミタンスは，**図 13.6** のように表すことができます。よって，Y をフェーザ表示すると次のようになります。

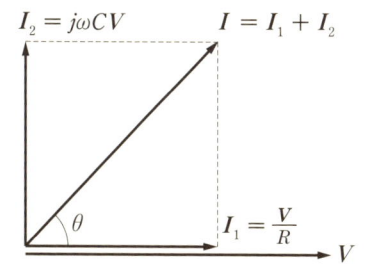

図 13.6 ● Y はどんな複素数？

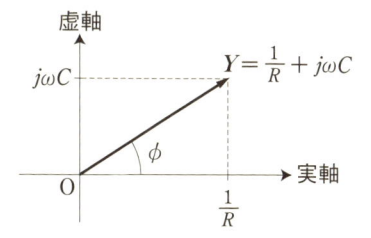

$$Y = \sqrt{\left(\frac{1}{R}\right)^2 + (\omega C)^2} \angle \phi, \quad \tan\phi = \omega C R$$

電圧 V に Y をかけたものが電流 I になるので，V と I の関係は，「V の大きさを $\sqrt{\left(\frac{1}{R}\right)^2 + (\omega C)^2}$ 倍して，ϕ 回転したものが I になる」と分かります。フェーザ図を描くと**図 13.7** のようになります。

このように，並列交流回路では，アドミタンスを求めフェーザ図を描くことにより，回路の性質を簡単に解き明かすことができるのです。

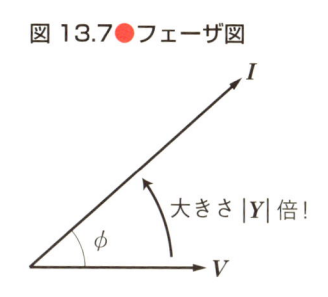

図 13.7 ● フェーザ図

> **演習問題 13.1** 抵抗値 R の抵抗,静電容量 C のコンデンサを直列に接続し,電圧 $v=V_m \sin \omega t$ をかけたとき,この回路のインピーダンス Z を求め,電流と電圧の関係をフェーザ図で示せ。

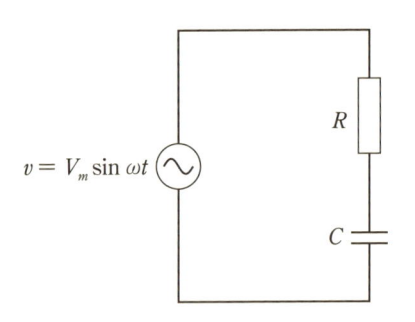

解答&解説 回路要素が直列に接続されているからインピーダンスは,

$$Z = R + \frac{1}{j\omega C} = R - j\frac{1}{\omega C}$$

よって,インピーダンス Z を複素平面で表すと,以下のようになります。

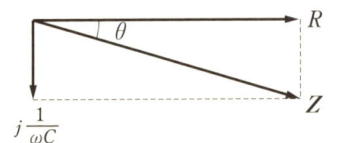

よって,インピーダンスのフェーザ表示は次のようになります。

$$Z = \sqrt{R^2 + \left(\frac{1}{\omega C}\right)^2} \angle \theta \quad (\theta < 0) \quad \cdots\cdots (答)$$

また,電流を基準にとると,$V=ZI$ より,I を $|Z|$ 倍して,θ 回転したものが V になるので,電圧と電流の関係を示すフェーザ図は,以下のようになります。

演習問題 13.2

抵抗値 R の抵抗，自己インダクタンス L のコイルを並列に接続し，電圧 $v = V_m \sin \omega t$ をかけたとき，この回路のアドミタンス Y を求めよ。また，電源に流れる電流と電圧の関係をフェーザ図で示せ。

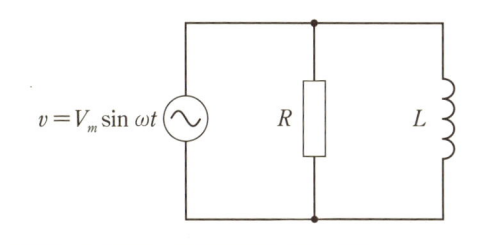

解答&解説 アドミタンスを求めると，

$$Y = \frac{1}{R} + \frac{1}{j\omega L} = \frac{1}{R} - j\frac{1}{\omega L}$$

よって，アドミタンス Y を複素平面に図示すると，以下のようになります。

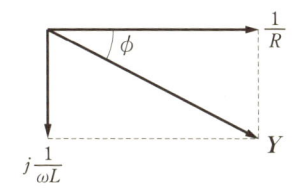

よって，アドミタンスのフェーザ表示は次のようになります。

$$Y = \sqrt{\left(\frac{1}{R}\right)^2 + \left(\frac{1}{\omega L}\right)^2} \angle \phi \quad (\phi < 0) \quad \cdots\cdots (答)$$

また，$I = YV$ より，V を $|Y|$ 倍して，ϕ 回転したものが I になるので，電流と電圧の関係を示すフェーザ図は，以下のようになります。

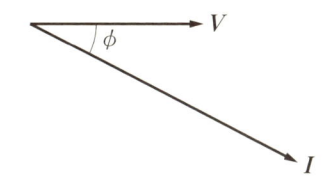

講義 LECTURE 14 Q値と共振

交流回路では，角周波数 ω を変化させると電流の大きさが大きく変化します。ここでは，直列交流回路と並列交流回路において，電流の大きさの角周波数特性を調べる方法を学びましょう。

14.1 Q値

理想的なコイルとは，インダクタンスのみがあり，抵抗値が0の素子です。また，理想的なコンデンサとは，誘電体におけるエネルギー損失が0の素子です。しかし，実際にはコイルには導線抵抗があり，コンデンサの誘電体では分極によるエネルギー損失があるため，実際にはコイルとコンデンサにはエネルギー損失があり，近似的に**図14.1**のような回路で表されます。

一般に，インピーダンスを $Z=R+jX$，アドミタンスを $Y=G+jB$ とおいたとき，その偏角の大きさ θ は，インピーダンスで表してもアドミタンスで表しても等しくなり，次の関係が成り立ちます。

$$\tan\theta = \frac{|X|}{R} = \frac{|B|}{G}$$

抵抗値が小さいほど理想的なコイル，コンダクタンスが小さいほど理想的なコンデンサだと考えられるので，回路部品がどれだけ理想的かを表す値 Q を，次のように定義します。

$$Q = \tan\theta = \frac{|X|}{R} = \frac{|B|}{G} \quad (1)$$

Q はコイルまたはコンデンサの**良さ**，または **Q値**（quality factor）といいます。Q 値が大きいほど，理想的な回路部品だということができます。

コイル，コンデンサの Q 値は，それ

図 14.1 ● 損失のあるコイルとコンデンサ

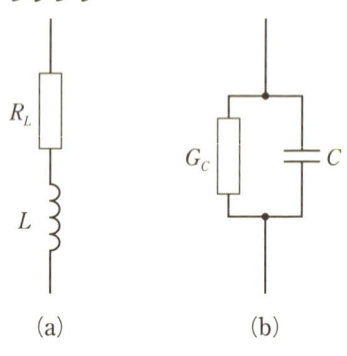

ぞれ次のように表されます。

$$Q_L = \frac{\omega L}{R_L}, \quad Q_C = \frac{\omega C}{G_C}$$

それでは，角周波数 ω を変化させたときの電流の変化の様子が，Q 値とどのような関係をもっているのかを調べていきましょう。

14.2 直列共振回路

図 14.2 の RLC 直列交流回路において，角周波数 ω を変化させていく場合を考えましょう。

ここで，抵抗 R はコイルの導線抵抗だと考えます。つまり，実際には，コイルとコンデンサだけを接続しているのですが，コイルの抵抗 R が無視できず，図 14.1 のような回路だと見なせるのだと考えます。また，コンデンサの損失は無視できるほど小さいとします。

コイルの Q 値は，定義により，

$$Q = \frac{\omega L}{R}$$

で表されます。また，回路の合成インピーダンス Z は，次のようになります。

$$\boldsymbol{Z} = R + j\left(\omega L - \frac{1}{\omega C}\right) \tag{2}$$

インピーダンスの虚部 X

角周波数 ω を変化させると，インピーダンスの虚部 X は負の無限大から正の無限大まで変化します。ここで，$X=0$ となる角周波数を ω_0 とおくと，

$$\omega_0 L - \frac{1}{\omega_0 C} = 0$$

より，

$$\omega_0 = \frac{1}{\sqrt{LC}}$$

となります。また，虚部 X の絶

図 14.2 ● RLC 直列交流回路

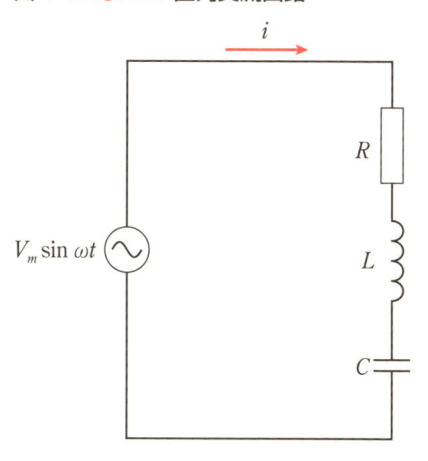

対値が実部 R と等しくなる角周波数を ω_1, ω_2 ($\omega_1 < \omega_2$) とおくと,

$$\omega L - \frac{1}{\omega C} = \pm R$$

$$L\omega^2 \mp R\omega - \frac{1}{C} = 0$$

$$\therefore \omega = \pm \frac{R}{2L} \pm \sqrt{\frac{R^2}{4L^2} + \frac{1}{LC}}$$

$\omega > 0$ より,

$$\omega_1 = -\frac{R}{2L} + \sqrt{\frac{R^2}{4L^2} + \frac{1}{LC}}$$

$$\omega_2 = \frac{R}{2L} + \sqrt{\frac{R^2}{4L^2} + \frac{1}{LC}}$$

ここで, ω_0, ω_1, ω_2 の間には,

$$\omega_1 \omega_2 = \frac{1}{LC} = \omega_0^2$$

という関係が成り立っています。

さて, 角周波数 ω を変化させていくと, 電流 I はどのように変化していくでしょうか。電圧フェーザと電流フェーザを

$$V = \frac{V_m}{\sqrt{2}} \angle 0°$$

$$I = \frac{I_m}{\sqrt{2}} \angle \theta$$

とおくと,

$$I = \frac{V}{Z} = \frac{V}{R + j\left(\omega L - \frac{1}{\omega C}\right)}$$

$$\therefore |I| = \frac{|V|}{\sqrt{R^2 + \left(\omega L - \frac{1}{\omega C}\right)^2}} \tag{3}$$

$\omega = \omega_0$ のとき,

$$I = \frac{V}{R}, \quad \theta = 0$$

となり, $|I|$ は最大値 $\dfrac{|V|}{R}$ をとります。また, $\omega = \omega_1$, ω_2 のとき,

$$I = \frac{V}{R(1 \pm j)}$$

となり，

$$|I| = \frac{|V|}{\sqrt{2}\,R}, \quad \theta = \pm\frac{\pi}{4}$$

となります。よって，式(3)より，電流の大きさ$|I|$の角周波数特性（ω依存性）は**図14.3**のようになります。また，電流の位相θの角周波数特性は，**図14.4**のようになります。

図14.3と図14.4を見ると，ω_0付近で電流の大きさと位相が急激に変化することが分かります。このような現象を**共振**といいます。また，ω_0を**共振角周波数**，$f_0 = \dfrac{\omega_0}{2\pi}$〔Hz〕を**共振周波数**といいます。また，$\Delta\omega = \omega_2 - \omega_1$を**半値幅**といいます。また，図14.3のような共振の様子を表すグラフを**共振曲線**といいます。

図14.3●電流の大きさの角周波数特性

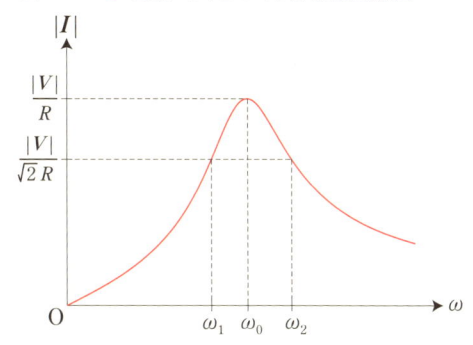

図14.4●電流の位相の角周波数特性

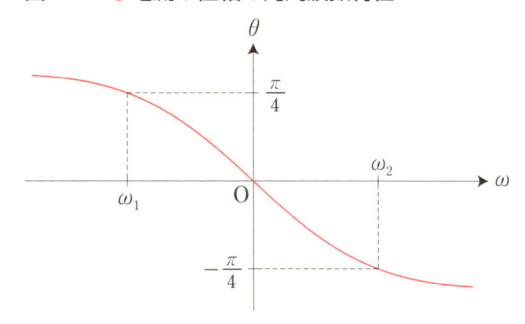

ここで，共振時における Q 値と，共振曲線の関係を見ておきましょう。
このとき，$\omega_0 = \dfrac{1}{\sqrt{LC}}$，$\Delta\omega = \omega_2 - \omega_1 = \dfrac{R}{L}$ より

$$Q = \dfrac{\omega_0 L}{R} = \dfrac{1}{\omega_0 CR} = \dfrac{1}{R}\sqrt{\dfrac{L}{C}} = \dfrac{\omega_0}{\omega_2 - \omega_1} = \dfrac{\omega_0}{\Delta\omega}$$

という関係が成り立ち，Q 値が大きいほど，半値幅が小さくなり，共振曲線が鋭くなることが分かります。

インピーダンス Z を Q 値を用いて表すと，$\dfrac{L}{R} = \dfrac{Q}{\omega_0}$，$\dfrac{1}{CR} = \omega_0 Q$ より，

$$\begin{aligned}Z &= R\left\{1 + j\left(\dfrac{\omega L}{R} - \dfrac{1}{\omega CR}\right)\right\} \\ &= R\left\{1 + jQ\left(\dfrac{\omega}{\omega_0} - \dfrac{\omega_0}{\omega}\right)\right\}\end{aligned} \quad (4)$$

これより，電流の大きさを Q 値を用いて表すと，

$$|I| = \dfrac{|V|}{|Z|} = \dfrac{|V|}{R\sqrt{1 + Q^2\left(\dfrac{\omega}{\omega_0} - \dfrac{\omega_0}{\omega}\right)^2}} \quad (5)$$

よって，式(4)，(5)からも，Q が大きいほど，共振値付近で電流の大きさ $|I|$ と位相 θ が急激に変化することが分かります。

各素子の電圧も Q 値を用いて表すと，

$$V_R = RI = \dfrac{V}{1 + jQ\left(\dfrac{\omega}{\omega_0} - \dfrac{\omega_0}{\omega}\right)}$$

$$V_L = j\omega LI = \dfrac{\omega}{\omega_0} \dfrac{jQV}{1 + jQ\left(\dfrac{\omega}{\omega_0} - \dfrac{\omega_0}{\omega}\right)}$$

$$V_C = \dfrac{I}{j\omega C} = -\dfrac{\omega_0}{\omega} \dfrac{jQV}{1 + jQ\left(\dfrac{\omega}{\omega_0} - \dfrac{\omega_0}{\omega}\right)}$$

となるので，$\omega = \omega_0$ のとき，

$$V_R = V, \quad V_L = jQV, \quad V_C = -jQV$$

となり，コイルとコンデンサにかかる電圧の大きさは電源電圧 V の Q 倍になります。また，$V_L + V_C = 0$ になります。このように RLC 直列共振回路においては，コイルの良さを表す Q 値が，共振特性を表すパラメータになっ

ているのです。

14.3 並列共振回路

並列共振回路についても同様に考えてみましょう。**図 14.5** のような RLC 並列交流回路において，角周波数 ω を変化させていく場合を考えましょう。

ここで，やや非現実的ですが，コイルの導線抵抗が十分小さく無視でき，コンデンサのエネルギー損失が大きい場合を考えます。このとき，コンデンサのエネルギー損失を抵抗 R で表すことができ，コンデンサの Q 値は定義にしたがって，

$$Q = \frac{\omega C}{G} = \omega CR$$

と表すことができます。

アドミタンスを計算すると，

$$Y = \frac{1}{R} + j\left(\omega C - \frac{1}{\omega L}\right) \tag{6}$$

（虚部 X）

よって，虚部 $X = 0$ となる角周波数を ω_0 とおくと，

$$\omega_0 C - \frac{1}{\omega_0 L} = 0$$

$$\therefore \omega_0 = \frac{1}{\sqrt{LC}}$$

また，虚部 X の絶対値が実部 $\frac{1}{R}$ と等しくなる角周波数を ω_1，ω_2（$\omega_1 < \omega_2$）とおくと，

図 14.5 ● RLC 並列交流回路

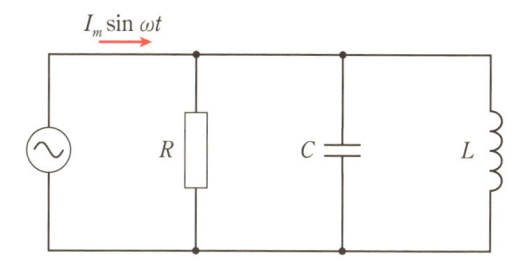

$$\omega C - \frac{1}{\omega L} = \pm \frac{1}{R}$$

$$\therefore C\omega^2 \mp \frac{1}{R}\omega - \frac{1}{L} = 0$$

$\omega > 0$ より,

$$\omega_1 = -\frac{1}{2CR} + \sqrt{\frac{1}{4C^2R^2} + \frac{1}{LC}}$$

$$\omega_2 = \frac{1}{2CR} + \sqrt{\frac{1}{4C^2R^2} + \frac{1}{LC}}$$

ここで, ω_0, ω_1, ω_2 の間には,

$$\omega_1 \omega_2 = \omega_0^2$$

という関係が成り立ちます。

では, 直列回路のときと同様に, 電流フェーザと電圧フェーザを, それぞれ,

$$V = \frac{V_m}{\sqrt{2}} \angle \phi$$

$$I = \frac{I_m}{\sqrt{2}} \angle 0°$$

とおき, 角周波数特性を見てみましょう。

$$V = \frac{I}{Y} = \frac{I}{\frac{1}{R} + j\left(\omega C - \frac{1}{\omega L}\right)}$$

$$\therefore |V| = \frac{|I|}{\sqrt{\frac{1}{R^2} + \left(\omega C - \frac{1}{\omega L}\right)^2}} \tag{7}$$

$\omega = \omega_0$ のとき,

$$V = RI, \quad \phi = 0$$

となり, $|V|$ は, 最大値 $R|I|$ をとります。また, $\omega = \omega_1$, ω_2 のとき,

$$V = \frac{RI}{1 \pm j}$$

となり,

$$|V| = \frac{R|I|}{\sqrt{2}}, \quad \phi = \pm \frac{\pi}{4}$$

となります。よって，式(7)より，電圧の大きさ $|V|$ の角周波数特性は**図 14.6** のようになります。また，電圧の位相 ϕ の角周波数特性は，**図 14.7** のようになります。

図 14.6，図 14.7 で示される共振は，**反共振**または**並列共振**といいます。ω_0 は直列回路の共振と同様に共振角周波数であり，$\Delta\omega = \omega_2 - \omega_1$ も同様に半値幅になります。

次に，共振時における Q 値と，共振曲線の関係を見ていきましょう。このとき，$\omega_0 = \frac{1}{\sqrt{LC}}$，$\Delta\omega = \omega_2 - \omega_1 = \frac{R}{L}$ より

$$Q = \omega_0 CR = \frac{R}{\omega_0 L} = R\sqrt{\frac{C}{L}} = \frac{\omega_0}{\omega_2 - \omega_1} = \frac{\omega_0}{\Delta\omega}$$

という関係が成り立ち，並列共振回路においても，Q 値が大きいほど，半値

図 14.6 ● 電圧の大きさの角周波数特性

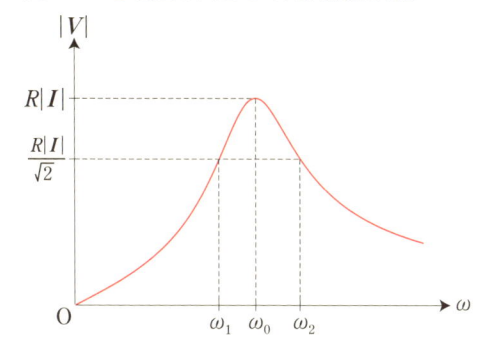

図 14.7 ● 電圧の位相の角周波数特性

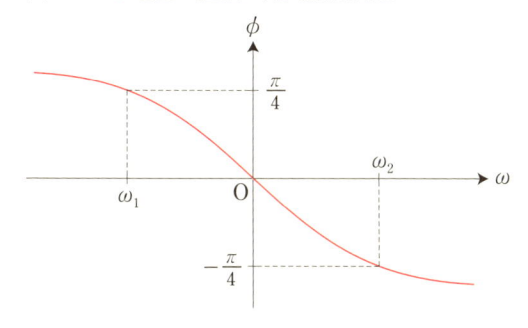

幅が小さくなり，共振曲線が鋭くなることが分かります。

アドミタンス Y を Q 値を用いて表すと，

$$Y = \frac{1}{R}\left\{1 + j\left(\omega CR - \frac{R}{\omega L}\right)\right\}$$

$$= \frac{1}{R}\left\{1 + jQ\left(\frac{\omega}{\omega_0} - \frac{\omega_0}{\omega}\right)\right\} \tag{8}$$

これより，電圧の大きさを Q 値を用いて表すと，

$$|V| = \frac{|I|}{|Y|} = \frac{R|I|}{\sqrt{1 + Q^2\left(\frac{\omega}{\omega_0} - \frac{\omega_0}{\omega}\right)^2}} \tag{9}$$

よって，式(8)，(9)からも，共振値付近で電圧の大きさ $|V|$ と位相 ϕ が急激に変化することが分かります。

$\omega = \omega_0$ のとき，抵抗，コイル，コンデンサを流れる電流 I_R，I_L，I_C を Q 値で表すと，

$$I_R = |I|, \quad I_L = -jQ|I|, \quad I_C = jQ|I|$$

となり，$|I_L|$ と $|I_C|$ が電源電流の大きさ $|I|$ の Q 倍になり，$I_L + I_C = 0$ になります。このように，並列共振回路においては，コンデンサの良さを表す Q 値が，共振特性を表すパラメータになっています。

ここまで見てきて，気がついた人もいるかもしれませんが，直列共振回路と並列共振回路との間には，以下の対応関係があります。つまり，直列共振回路の数式において，R，L，C，Z をそれぞれ G，C，L，Y へ置き換えると，並列共振回路の数式になります。このような性質のことを**双対性**といいます。

直列共振回路	並列共振回路
R	$G = \frac{1}{R}$
L	C
C	L
Z	Y

> **演習問題 14.1** RLC 直列共振回路において，$R = 4 [\Omega]$，$L = 200 [mH]$，$C = 0.05 [\mu F]$ である。共振周波数，Q 値，半値幅をそれぞれ求めよ。

解答&解説 共振周波数は，

$$f_0 = \frac{\omega_0}{2\pi} = \frac{1}{2\pi\sqrt{LC}} = \frac{1}{2\pi\sqrt{0.2 \times 0.05 \times 10^{-6}}} = 1592 \,[\text{Hz}] \cdots\cdots (\text{答})$$

Q 値は，

$$Q = \frac{1}{R}\sqrt{\frac{L}{C}} = \frac{1}{4}\sqrt{\frac{0.2}{0.05 \times 10^{-6}}} = 500 \cdots\cdots (\text{答})$$

半値幅は，

$$\Delta\omega = \frac{\omega_0}{Q} = \frac{1}{Q\sqrt{LC}} = \frac{1}{500 \times \sqrt{0.2 \times 0.05 \times 10^{-6}}} = 20 \,[\text{rad/s}] \cdots\cdots (\text{答})$$

演習問題 14.2 図の回路において，電流の大きさの角周波数特性を調べよ。

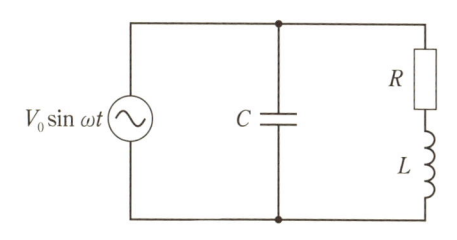

解答&解説 通常，コンデンサのエネルギー損失は無視できても，コイルのエネルギー損失は無視できない場合が多いので，並列共振回路を考える場合，本問のような回路を考えることが多いです。

アドミタンス Y を計算すると，

$$Y = j\omega C + \frac{1}{R + j\omega L}$$

$$= j\omega C + \frac{R - j\omega L}{R^2 + (\omega L)^2}$$

$$= \frac{R}{R^2 + (\omega L)^2} + j\left(\omega C - \frac{\omega L}{R^2 + (\omega L)^2}\right)$$

虚部が 0 になるときの角周波数（共振角周波数）を ω_0 とおくと，

$$\omega_0 C - \frac{\omega_0 L}{R^2 + (\omega_0 L)^2} = 0 \tag{1}$$

$\omega_0 > 0$ より，共振角周波数は，次のように求まります。

$$\omega_0 = \frac{1}{\sqrt{LC}}\sqrt{1-R^2\frac{C}{L}}$$

このとき，コイルの良さを表す Q 値は，

$$Q = \frac{\omega_0 L}{R} = \frac{1}{R}\sqrt{\frac{L}{C}}\sqrt{1-R^2\frac{C}{L}}$$

となります。Q が十分大きいとき，$\omega_0 L \gg R$ となるから，式(1)より，

$$\omega_0 C - \frac{\omega_0 L}{R^2 + (\omega_0 L)^2} \fallingdotseq \omega_0 C - \frac{1}{\omega_0 L} = 0$$

$$\therefore \omega_0 \fallingdotseq \frac{1}{\sqrt{LC}}$$

また，このとき，$R^2\frac{C}{L} \ll 1$ となるから，近似的に

$$Q = \frac{\omega_0 L}{R} \fallingdotseq \frac{1}{R}\sqrt{\frac{L}{C}}$$

となります。この結果は，直列共振のときと同じ値です。

$$|I| = |Y||V| = \left|\frac{R}{R^2+(\omega L)^2} + j\left(\omega C - \frac{\omega L}{R^2+(\omega L)^2}\right)\right||V|$$

$$\begin{cases} \omega = 0 \text{ のとき}: |I| = \frac{|V|}{R} \\ \omega = \omega_0 \text{ のとき}: |I| = \frac{R}{R^2+(\omega_0 L)^2}|V| \\ \omega \text{ が十分大きいとき}: |I| \fallingdotseq |j\omega C||V| = \omega C|V| \end{cases}$$

となるので，共振曲線は下図のようになります。

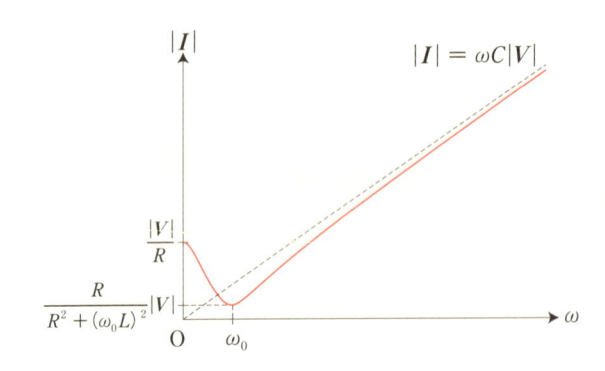

講義 15 フェーザ軌跡と角周波数特性

電流や電圧の角周波数特性を複素平面におけるフェーザの動きとして捉えると，交流電流の大きさと位相の変化を1つの図で表すことができ，角周波数特性を捉えやすくなります。

15.1 フェーザ軌跡

電流，電圧，インピーダンス，アドミタンスなどは，前述のようにフェーザで表すことができます。回路中の1つの要素（例えば角周波数ω）を変化させたとき，フェーザの頂点が描く軌跡を**フェーザ軌跡**といいます。講義14では，電流や電圧の大きさの角周波数特性と，位相の角周波数特性を別々のグラフで表していましたが，フェーザ軌跡を用いれば，1つの図にまとめることができます。フェーザ軌跡は，図の見方に慣れてしまえば，角周波数特性を表す最も分かりやすい方法です。

では，まず，フェーザ軌跡の基本的な性質から押さえましょう。あるフェーザ$A = a + jb$において，aを一定値とし，bを変化させる場合を考えてみましょう。フェーザの頂点の座標は(a, jb)と表されますから，**図15.1**のように，フェーザ軌跡は点$(a, 0)$を通り虚軸に平行な直線になります。

図 15.1 ● Aのフェーザ軌跡

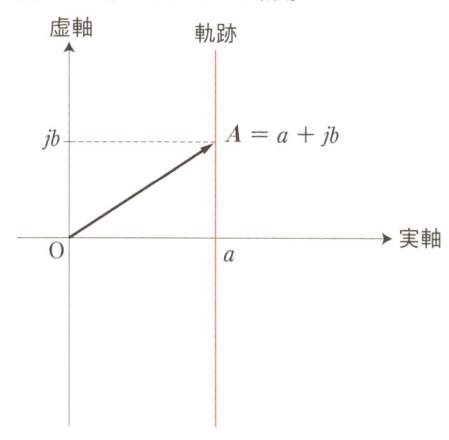

次に，このフェーザAの逆数$\dfrac{1}{A}$のフェーザ軌跡を考えてみましょう。

$$\frac{1}{A} = \frac{1}{a + jb} = x + jy$$

とおき，aが一定でbが変化す

るときに，フェーザの頂点(x, y)がどのような軌跡を描くのかを求めます。

$$\frac{1}{a+jb} = \frac{a-jb}{a^2+b^2} = \frac{a}{a^2+b^2} - j\frac{b}{a^2+b^2} = x+jy$$

よって，

$$x = \frac{a}{a^2+b^2}, \quad y = -\frac{b}{a^2+b^2}$$

これを，a, bについて解いてみましょう。

$$a^2 + b^2 = \frac{a}{x} = -\frac{b}{y} \tag{1}$$

$$\therefore b = -\frac{ay}{x}$$

bを式(1)に代入して消去すると，

$$a^2 + \left(-\frac{ay}{x}\right)^2 = \frac{a}{x}$$

これを，aについて解くと，

$$a = \frac{x}{x^2+y^2} \tag{2}$$

同様にして，$a = -\frac{bx}{y}$とし，式(1)に代入してからbについて解くと，

$$b = -\frac{y}{x^2+y^2} \tag{3}$$

いま，aが一定なので，式(2)を満たす(x, y)を求めれば，それが求めるフェーザ軌跡になります。式(2)より，

$$x^2 - \frac{1}{a}x + y^2 = 0$$

$$\therefore \left(x - \frac{1}{2a}\right)^2 + y^2$$

$$= \left(\frac{1}{2a}\right)^2 \quad (4)$$

よって，フェーザ軌跡は，**図15.2**のように，点$\left(\frac{1}{2a}, 0\right)$を

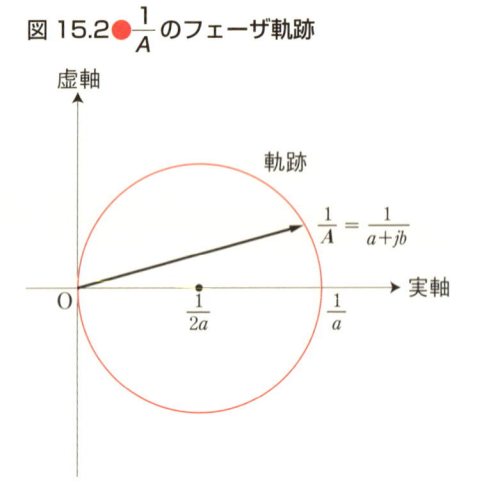

図15.2 ● $\dfrac{1}{A}$のフェーザ軌跡

中心とし，半径 $\frac{1}{2a}$ の円になります。「実軸上に中心があり，直径が $\frac{1}{a}$ で原点を通る円」と覚えておきましょう。

■ $A = a + bj$（a が一定）のフェーザ軌跡

A のフェーザ軌跡：$x = a$（虚軸に平行な直線）
$\frac{1}{A}$ のフェーザ軌跡：$x = 0, \frac{1}{a}$ を直径の両端とする円

インピーダンスやアドミタンスのフェーザ軌跡を求める場合，実部は抵抗またはコンダクタンスになるので一定値になります。一方，虚部は ω を含むため変化します。インピーダンス Z とアドミタンス Y には，

$$Z = \frac{1}{Y}, \quad Y = \frac{1}{Z}$$

という関係があるので，一方が虚軸に平行な直線になるときには，他方が円を描くという関係になります。

15.2 直列交流回路の角周波数特性

では，図 15.3 で示す RLC 直列交流回路の角周波数特性をフェーザ軌跡を用いて調べてみましょう。

講義 14 と同じようにまずはインピーダンス Z を求めると，

$$Z = R + j\left(\omega L - \frac{1}{\omega C}\right)$$

となります。ここで，リアクタンスを

$$X = \omega L - \frac{1}{\omega C}$$

とおき，X の角周波数特性を調べてみましょう。

$X = 0$ のときの角周波数を ω_0 とすると，

図 15.3 ● RLC 直列交流回路

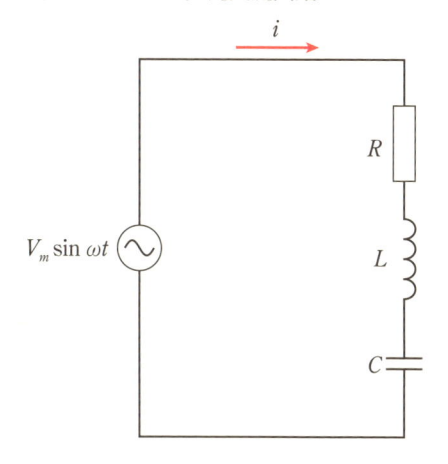

$$X = \omega_0 L - \frac{1}{\omega_0 C} = 0$$

$$\therefore \omega_0 = \frac{1}{\sqrt{LC}}$$

また，$\omega \gg \omega_0$ のときは，$\frac{1}{\omega C}$ が非常に小さくなるので無視すると，

$$X \fallingdotseq \omega L$$

逆に，$\omega \ll \omega_0$ のときは，ωL が非常に小さくなるので無視すると，

$$X \fallingdotseq -\frac{1}{\omega C}$$

となります。よって，リアクタンス X の角周波数特性は**図 15.4** のようになります。

図 15.4 ● リアクタンスの角周波数特性

図 15.4 を見ると，ω を 0 から ∞ まで変化させるとき，X はすべての実数をとることが分かります。

次にインピーダンス Z のフェーザ軌跡を描いてみましょう。インピーダンスは実部 R が一定で，虚部 X がすべての実数をとるので，**図 15.5** のような虚軸に平行な直線になります。

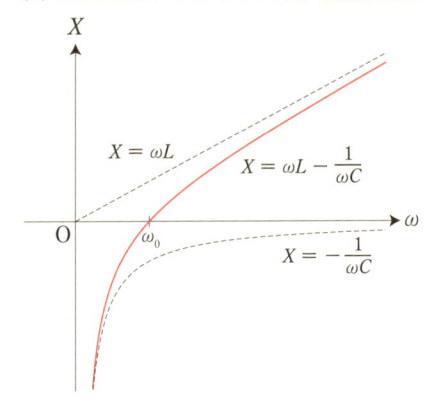

図 15.5 ● インピーダンスのフェーザ軌跡

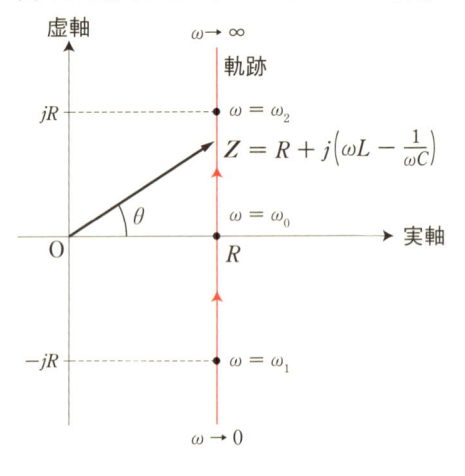

図 15.5 から，インピーダンスの大きさと位相の変化を読み取ってみましょう。$\omega \to 0$ のときは，虚部の $-\frac{1}{\omega C}$ の値が負の無限大になるため，インピーダンスの虚部が負の無限大になります。そこから，ω を大きくしていくと，$\omega = \omega_1$ のとき，$\theta = -\frac{\pi}{4}$ となり，インピーダンスの大きさは $\sqrt{2}\,R$ になります。さらに，ω を大きくしていくと，$\omega = \omega_0$ のときに，$\theta = 0$ となり，

インピーダンスの大きさは最小値 R をとります。これが共振で，電流の大きさが最大になります。さらに，ω を大きくしていくと，$\omega = \omega_2$ のとき，$\theta = \dfrac{\pi}{4}$ となり，インピーダンスの大きさは再び $\sqrt{2}\,R$ となります。$\omega \to \infty$ では，虚部の ωL が正の無限大になるため，インピーダンスの虚部が無限大に発散します。このようにして，インピーダンスのフェーザ軌跡から，インピーダンスの大きさと位相の変化を読み取ることができます。

次に，アドミタンス Y のフェーザ軌跡を描いてみましょう。アドミタンスは，次のように表されます。

$$Y = \frac{1}{Z} = \frac{1}{R + j\left(\omega L - \dfrac{1}{\omega C}\right)}$$

インピーダンス Z のフェーザ軌跡が虚軸に平行な直線なので，その逆数であるアドミタンス Y のフェーザ軌跡は，**図 15.6** のように，原点と点 $\left(\dfrac{1}{R},\ 0\right)$ を直径の両端とした円になります。

図 15.6 から，アドミタンスの大きさと位相の変化を読み取ってみましょう。$\omega \to 0$ のときは，アドミタンスの大きさも非常に小さく，位相は $\phi \to \dfrac{\pi}{2}$ になっています。そこから，ω を大きくしていくと，アドミタンスの大きさが次第に大きくなり，位相 ϕ はだんだん小さくなっていき，$\omega = \omega_1$ のとき，$\phi = \dfrac{\pi}{4}$ になります。さらに，ω を大きくしていくと，$\omega = \omega_0$ のとき，$Y = \dfrac{1}{R}$，$\phi = 0$ となり，アドミタンスの大きさが最大になります。このときが共振で，電流の大きさが最大になります。ω をさらに増加させると，$\phi < 0$ となり，アドミタンスの大きさは減少し，$\omega = \omega_2$ のとき，$\phi = -\dfrac{\pi}{4}$ になります。さらに，ω を大きくしていくと，ア

図 15.6 ● アドミタンスのフェーザ軌跡

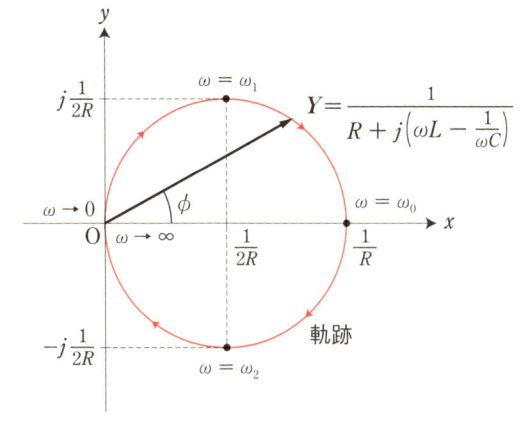

ドミタンスはさらに減少し，$\omega \to \infty$ で $Y \to 0$，$\phi \to -\dfrac{\pi}{2}$ となります。

このように，フェーザ軌跡を見ると，アドミタンスの大きさと位相の変化の様子を一度に読み取ることができ，とても便利なのです。

15.3 並列交流回路の角周波数特性

次に，**図 15.7** で表されるような RLC 並列交流回路について角周波数特性をフェーザ軌跡を用いて調べてみましょう。

並列回路なので，アドミタンス Y を求めると，

$$Y = \frac{1}{R} + j\left(\omega C - \frac{1}{\omega L}\right)$$

となります。ここで，サセプタンスを $B = \omega C - \dfrac{1}{\omega L}$ とおくと，サセプタンス B の角周波数特性は**図 15.8** のようになります。

よって，B はすべての実数を取り得ることが分かります。アドミタンスの実部 $\dfrac{1}{R}$ は定数で，虚部 B がすべての実数をとるので，アドミタンスのフェーザ軌跡は，**図 15.9** のような虚軸に平行な直線になります。

図 15.9 から，アドミタンスの大きさと位相の変化を読み取ってみましょう。$\omega \to 0$ のときは，虚部の $-\dfrac{1}{\omega L}$ が負の無限大に発散するので，アドミタンスの虚部は負の無限大になり，位相 $\phi \to -\dfrac{\pi}{2}$ となります。ω を大きくしてい

図 15.7 ●*RLC* 並列交流回路

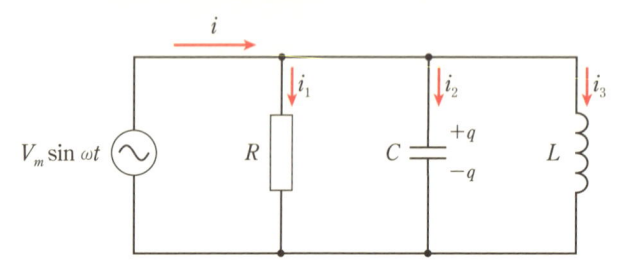

図 15.8 ● サセプタンスの角周波数特性　　図 15.9 ● アドミタンスのフェーザ軌跡

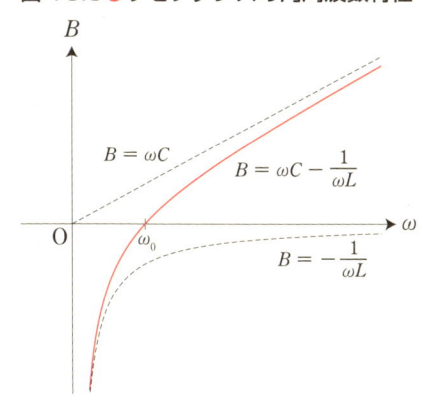

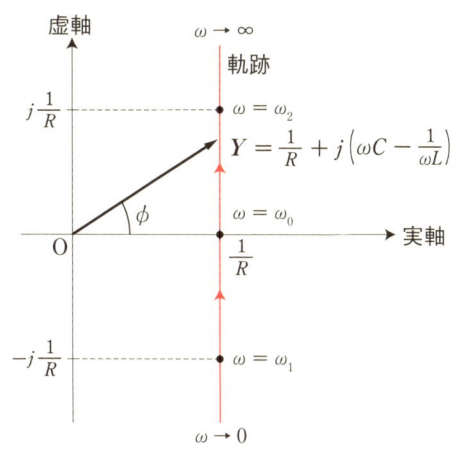

くと，$\omega=\omega_1$ のときに，$\phi=-\dfrac{\pi}{4}$ となり，アドミタンスの大きさは $\dfrac{\sqrt{2}}{R}$ となります．さらに，ω を大きくしていくと，$\omega=\omega_0$ のときに，$\phi=0$ になり，アドミタンスの大きさは最小値 $\dfrac{1}{R}$ をとります．このときが並列共振で，電圧の大きさが最大になります．ω をさらに大きくすると，$\omega=\omega_2$ のときに，$\phi=\dfrac{\pi}{4}$ となり，アドミタンスの大きさは再び $\dfrac{\sqrt{2}}{R}$ となります．$\omega\to\infty$ とすると，虚部の ωC の部分が無限大に発散するので，アドミタンスの虚部は無限大に発散し，$\phi\to\dfrac{\pi}{2}$ となります．

次に，インピーダンス Z のフェーザ軌跡を描いてみましょう．インピーダンスは，次のように表されます．

$$Z=\dfrac{1}{Y}=\dfrac{1}{\dfrac{1}{R}+j\left(\omega C-\dfrac{1}{\omega L}\right)}$$

アドミタンス Y のフェーザ軌跡が虚軸に平行な直線だったので，その逆数であるインピーダンス Z のフェーザ軌跡は，**図 15.10** のように，原点と点 $(R,0)$ を直径の両端とする円になります．図 15.10 からも，ω を変化させたときに，インピーダンスの大きさと位相がどのように変化するのかを，図 15.6 と同様のやり方で読み取ることができます．

図 15.10 ● インピーダンスのフェーザ軌跡

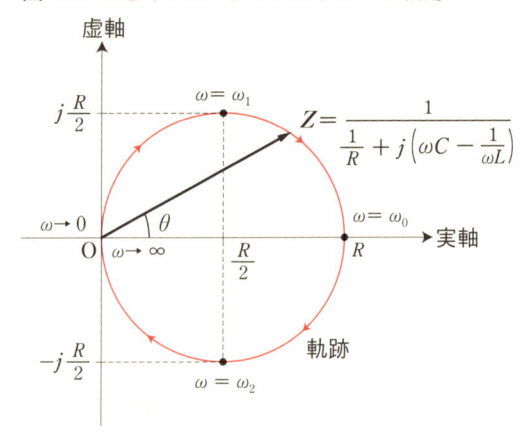

$$Z = \cfrac{1}{\cfrac{1}{R} + j\left(\omega C - \cfrac{1}{\omega L}\right)}$$

演習問題 15.1

抵抗値 R の抵抗，自己インダクタンス L のコイルを直列に接続し，電圧 $v = V_m \sin \omega t$ をかけたとき，この回路のインピーダンス Z とアドミタンス Y のフェーザ軌跡を描け。

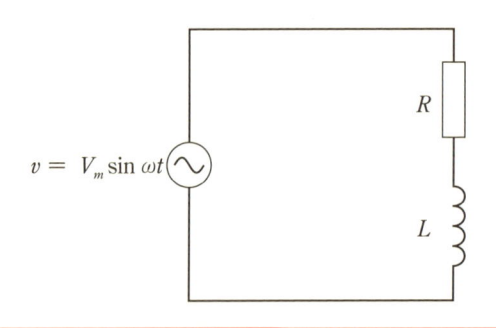

解答&解説 インピーダンス Z は，

$$Z = R + j\omega L$$

となり，リアクタンス $X = \omega L$ の取り得る範囲は，$X > 0$ になります。実部 R が定数で，リアクタンスが変化するので，インピーダンス Z のフェーザ軌跡は虚軸に平行な直線になり，下図のようになります。

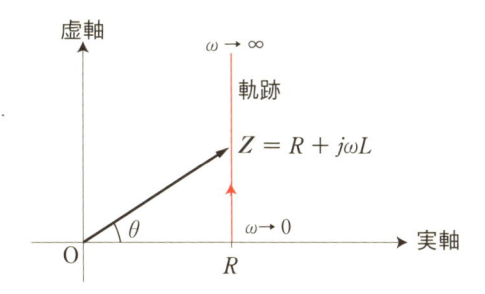

[図: インピーダンス $Z = R + j\omega L$ のフェーザ軌跡。実軸上 R から上方向に伸びる直線、$\omega \to 0$ で R、$\omega \to \infty$ で虚軸方向。角度 θ。]

次に，アドミタンス Y を求めると，

$$Y = \frac{1}{Z} = \frac{1}{R + j\omega L} = \frac{R - j\omega L}{R^2 + (\omega L)^2}$$

となり，$\omega > 0$ に注意すると，アドミタンス Y のフェーザ軌跡は，下図のように，中心が実軸上にあり，半径が $\dfrac{1}{2R}$ で，原点を通る円の虚部 <0 の部分になります。

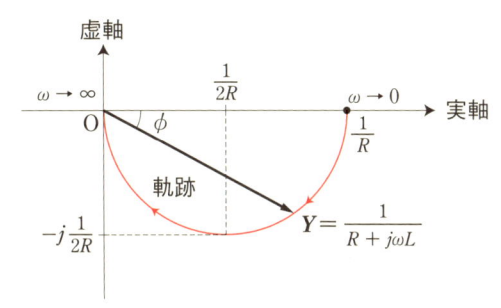

[図: アドミタンス $Y = \dfrac{1}{R+j\omega L}$ のフェーザ軌跡。中心 $\dfrac{1}{2R}$、半径 $\dfrac{1}{2R}$ の円の下半分。$\omega \to \infty$ で原点 O、$\omega \to 0$ で $\dfrac{1}{R}$、最下点 $-j\dfrac{1}{2R}$。角度 ϕ。]

演習問題 15.2

抵抗値 R の抵抗，自己インダクタンス L のコイルを並列に接続し，電圧 $v = V_m \sin \omega t$ をかけたとき，この回路のアドミタンス Y のフェーザ軌跡を描け。

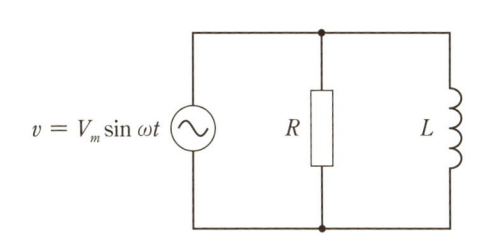

[回路図: 電圧源 $v = V_m \sin \omega t$ に抵抗 R とコイル L が並列接続されている。]

解答&解説 アドミタンス Y は，

$$Y = \frac{1}{R} + \frac{1}{j\omega L} = \frac{1}{R} - j\frac{1}{\omega L}$$

となり，虚部の取り得る範囲は負になります．実部のコンダクタンスが定数で，虚部のサセプタンスが変化するので，アドミタンス Y のフェーザ軌跡は虚軸に平行な直線になり，下図のようになります．

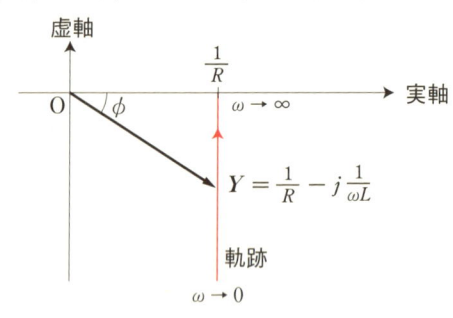

講義 16 相互誘導回路

2つのコイルを結合させると,一方のコイルが作り出す磁束の変化が,他方のコイルに影響を与え,相互に誘導起電力が生じます。この原理を使うと,2つの回路を結合させることができます。

16.1 相互誘導

図 16.1(a)のように,コイル1に近接してコイル2を置くと,コイル1に流れる電流 i_1 によって生じる**磁束** ϕ_1 は,コイル1を鎖交すると同時に,コイル2も鎖交します。それらの**鎖交磁束**を Φ_1, Φ_{21} とすると,これらは電流 i_1 に比例します。比例定数をそれぞれ L_1, M_{21} とすると,

$$\Phi_1 = L_1 i_1 \,[\text{Wb}], \quad \Phi_{21} = M_{21} i_1 \,[\text{Wb}]$$

と表すことができます。磁束は**ウェーバー**([Wb])という単位で表します。このとき,**誘導起電力**は,それぞれ磁束の変化を妨げる向きに

図 16.1 ●コイル1,コイル2の間に生じる相互誘導

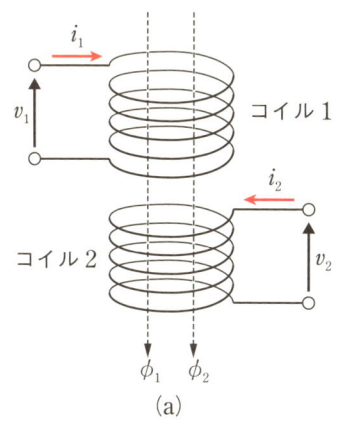

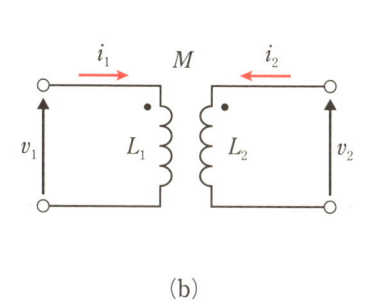

(a)

(b)

$$\frac{d\Phi_1}{dt} = L_1 \frac{di_1}{dt} \,[\text{V}], \quad \frac{d\Phi_{21}}{dt} = M_{21} \frac{di_1}{dt} \,[\text{V}]$$

となります。ここで，L_1 はコイル 1 の**自己インダクタンス**，M_{21} はコイル 1, 2 の**相互インダクタンス**と呼ばれます。

また，コイル 2 に流れる電流 i_2 によって生じる磁束 ϕ_2 は，コイル 2 を鎖交すると同時にコイル 1 も鎖交します。この鎖交磁束を Φ_2, Φ_{12} とすると，これらは電流 i_2 に比例します。比例定数をそれぞれ L_2, M_{12} とすると，

$$\Phi_2 = L_2 i_2 \,[\text{Wb}], \quad \Phi_{12} = M_{12} i_2 \,[\text{Wb}]$$

と表すことができます。このとき，誘導起電力は，それぞれ磁束の変化を妨げる向きに

$$\frac{d\Phi_2}{dt} = L_2 \frac{di_2}{dt} \,[\text{V}], \quad \frac{d\Phi_{12}}{dt} = M_{12} \frac{di_2}{dt} \,[\text{V}]$$

となります。ここで，L_2 はコイル 2 の**自己インダクタンス**です。M_{21} は M_{12} と値が等しくなるため（証明は電磁気学の教科書を参照），

$$M_{21} = M_{12} = M$$

とすると，端子間に生じる電圧 v_1, v_2 は，次のように表すことができます。

$$\begin{cases} v_1 = L_1 \dfrac{di_1}{dt} + M \dfrac{di_2}{dt} \\ v_2 = L_2 \dfrac{di_2}{dt} + M \dfrac{di_1}{dt} \end{cases} \quad (1)$$

コイルの巻く向きや電流の向きを変化させると，式(1)の符号が変わります。コイルの巻く向きを図で表すと分かりにくいので，式(1)が成り立つときの図を **図 16.1(b)** のように省略して描きます。ここで，コイルの巻き方が逆になれば，点の位置を移動すると決めておきます。

電圧，電流，相互誘導の符号は，図 16.1(b) との比較によって決めることができます。つまり，向きのそろったコイルの点のついている側に i_1, i_2 が入るように電流の向きが定義されており，点のついていない側の端子を基準として電位 v_1, v_2 を定義しているとき，すべての符号が正になると覚えておいて，それと異なるときには，次のように符号を変えればよいのです。

$$\begin{cases} 点の位置が1つ動く：M \to -M \\ 電流の向きを逆にする：i_1 \to -i_1, \ i_2 \to -i_2 \\ 電位の向きを逆にする：v_1 \to -v_1, \ v_2 \to -v_2 \end{cases}$$

例として，図16.2の回路を考えてみましょう．図16.1(b)と比較して，次のように符号を変えます．

$$v_1 \to -v_1, \ i_2 \to -i_2, \ M \to -M$$

その結果，次のようになります．

$$\begin{cases} -v_1 = L_1 \frac{di_1}{dt} - M \frac{d(-i_2)}{dt} = L_1 \frac{di_1}{dt} + M \frac{di_2}{dt} \\ v_2 = L_2 \frac{d(-i_2)}{dt} - M \frac{di_1}{dt} = -L_2 \frac{di_2}{dt} - M \frac{di_1}{dt} \end{cases}$$

式(1)が成り立つ場合，点を省略することがあります．また，コイルの極性が重要でない場合も，省略されます．

ところで，図16.1の回路が物理的に実現可能であるためには，2つのコイルの自己インダクタンスL_1，L_2と相互インダクタンスMの間に，ある条件が成り立つことが必要になります．その条件を導いてみましょう．

コイル1，2の電力の和をpとおくと，

$$\begin{aligned} p &= v_1 i_1 + v_2 i_2 \\ &= L_1 \frac{di_1}{dt} i_1 + M \frac{di_2}{dt} i_1 + L_2 \frac{di_2}{dt} i_2 + M \frac{di_1}{dt} i_2 \\ &= \frac{d}{dt} \left(\frac{1}{2} L_1 i_1^2 + \frac{1}{2} L_2 i_2^2 + M i_1 i_2 \right) \quad (2) \end{aligned}$$

ここで，$\frac{d}{dt} i(t)^2 = 2i(t) \frac{di(t)}{dt}$という関係を用いた

2つのコイルに蓄えられた電磁エネルギーをWとおくと，ここで求めた電力の和pは，Wの単位時間あたりの変化率，つまり，時間微分になってい

図16.2●相互誘導の符号の決め方

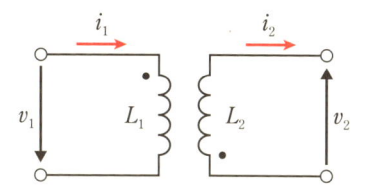

るはずです．つまり，式(2)のカッコの中身が W と等しいことになります．よって，

$$W = \frac{1}{2}L_1 i_1^2 + \frac{1}{2}L_2 i_2^2 + M i_1 i_2 \tag{3}$$

コイルでは，エネルギーが消費されないので，i_1, i_2 の値によらず $W \geq 0$ となります．式(3)を i_1 についての2次関数だと考えると，$W \geq 0$ となるための条件は，2次関数が下に凸で，i 軸との交点の数が，0または1個であればよいので，

$$\begin{cases} L_1 > 0 \\ 判別式：M^2 - L_1 L_2 \leq 0 \end{cases} \tag{4}$$

つまり，

$$L_1 > 0, \quad L_1 L_2 \geq M^2$$

i_2 についての2次関数だと考えても，同様にして，

$$L_2 > 0, \quad L_1 L_2 \geq M^2$$

よって，i_1, i_2 の値によらず式(4)が満たされるための条件は，次のようになります．

相互誘導回路が実現可能な条件

$$\begin{cases} L_1 > 0, \ L_2 > 0 \\ L_1 L_2 \geq M^2 \end{cases}$$

16.2 相互誘導回路

次に，図16.3のように2つの回路が相互インダクタンス M によって結合された場合を考えてみましょう．

交流電源の接続された側の回路を **1次回路**，電源が接続されていない側の回路を **2次回路** といいます．

回路方程式は，

図 16.3● 相互誘導回路

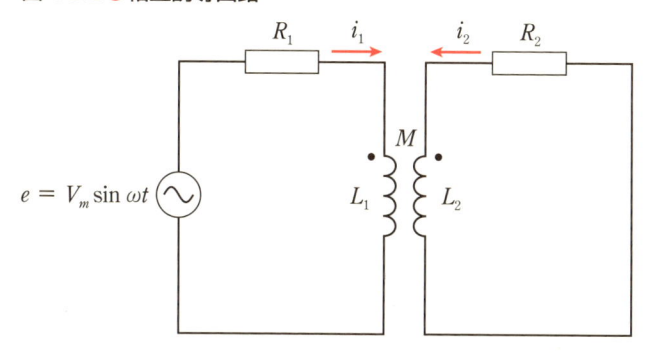

$$\begin{cases} e = L_1 \dfrac{di_1}{dt} + M \dfrac{di_2}{dt} + R_1 i_1 \\ 0 = L_2 \dfrac{di_2}{dt} + M \dfrac{di_1}{dt} + R_2 i_2 \end{cases}$$

電源の複素電圧を E，コイル 1，2 に流れる複素電流をそれぞれ I_1，I_2 とすると，

$$\begin{cases} E = j\omega L_1 I_1 + j\omega M I_2 + R_1 I_1 \\ 0 = j\omega L_2 I_2 + j\omega M I_1 + R_2 I_2 \end{cases}$$

これを整理して，

$$\begin{cases} E = (j\omega L_1 + R_1) I_1 + j\omega M I_2 \\ 0 = j\omega M I_1 + (j\omega L_2 + R_2) I_2 \end{cases}$$

簡単のために，

$$j\omega L_1 + R_1 = Z_1, \quad j\omega L_2 + R_2 = Z_2, \quad j\omega M = Z_M$$

とおくと，

$$\begin{cases} E = Z_1 I_1 + Z_M I_2 & (5) \\ 0 = Z_M I_1 + Z_2 I_2 & (6) \end{cases}$$

式(5)，(6)を解くと，

$$I_1 = \frac{Z_2}{Z_1 Z_2 - Z_M^2} E = \frac{E}{Z_1 - \frac{Z_M^2}{Z_2}} \tag{7}$$

$$I_2 = -\frac{Z_M}{Z_1 Z_2 - Z_M^2} E$$

1次回路から見た合成インピーダンスを Z とおくと,

$$I_1 = \frac{E}{Z}$$

を満たすので,式(7)と見比べると,

$$\begin{aligned} Z &= Z_1 - \frac{Z_M^2}{Z_2} \\ &= R_1 + j\omega L_1 + \frac{\omega^2 M^2}{R_2 + j\omega L_2} \\ &= \left(R_1 + \underbrace{\frac{\omega^2 M^2 R_2}{R_2^2 + \omega^2 L_2^2}}_{\text{抵抗の増加分}}\right) + j\omega\left(L_1 - \underbrace{\frac{\omega^2 M^2 L_2}{R_2^2 + \omega^2 L_2^2}}_{\text{インダクタンスの減少分}}\right) \end{aligned} \tag{8}$$

となります。式(8)から,2次回路が接続されていることが,抵抗値が増加し,インダクタンスが減少する効果として現れていることが分かります。

16.3 T形等価回路

講義23で扱う2端子対回路では,**図16.4**のようなT形回路やΠ形回路といった単純な回路を基本単位として,複雑な回路をそれらが結合したものとして捉えていきます。そのため,相互誘導回路を等価なT形回路またはΠ形回路へ変換することができると取り扱いが便利になります。また,相

図16.4●T形回路とΠ形回路

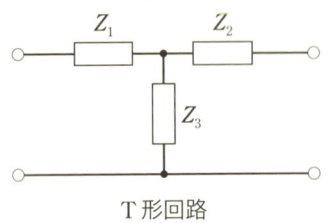

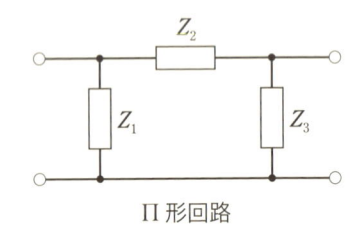

T形回路 / Π形回路

図 16.5 ● T 形回路

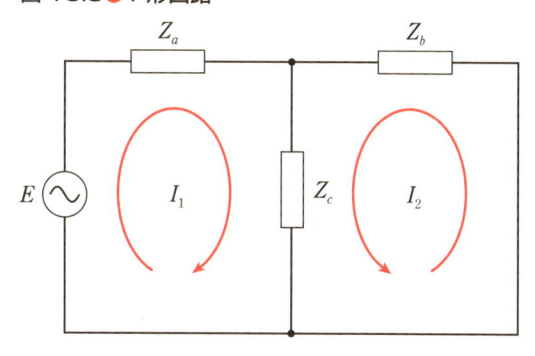

互誘導回路では，2 つの回路が相互誘導で結合しているため，通常のやり方で回路方程式を立てることができませんが，T 形回路へ変換してしまえば，通常のやり方で回路方程式を立てられるようになるというメリットがあります。というわけで，相互誘導回路を等価な T 形回路へ変換してみましょう。

図 16.3 の相互誘導回路が**図 16.5** の T 形回路と等価になる条件を考えてみましょう。閉路電流をそれぞれ I_1, I_2 とおくと，回路方程式は

$$\begin{cases} E = Z_a I_1 + Z_c (I_1 + I_2) \\ 0 = Z_b I_2 + Z_c (I_1 + I_2) \end{cases}$$

となり，整理すると

$$\begin{cases} E = (Z_a + Z_c) I_1 + Z_c I_2 & (9) \\ 0 = Z_c I_1 + (Z_b + Z_c) I_2 & (10) \end{cases}$$

式 (9)，(10) を，式 (5)，(6) と比較すると，等価回路になるための条件は，

$$Z_a + Z_c = Z_1 = R_1 + j\omega L_1$$
$$Z_c = Z_M = j\omega M$$
$$Z_b + Z_c = Z_2 = R_2 + j\omega L_2$$

となり，これらを解くと，

$$Z_a = R_1 + j\omega (L_1 - M), \quad Z_b = R_2 + j\omega (L_2 - M)$$

となります。よって，図 16.3 の相互誘導回路の T 形等価回路は**図 16.6** のようになります。

図 16.6 ● T 形等価回路

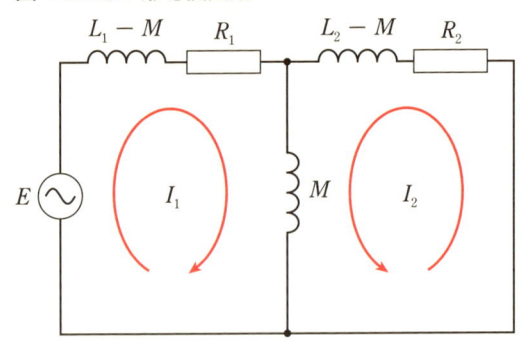

ただし，L_1-M や L_2-M の値は，負になる可能性があるので，図 16.6 の回路が実現不可能である場合もあることに注意してください。

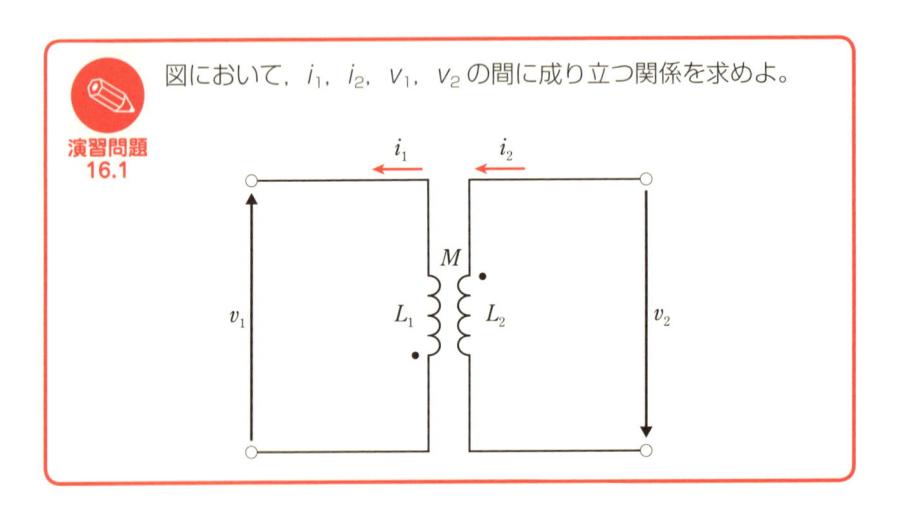

演習問題 16.1

図において，i_1，i_2，v_1，v_2 の間に成り立つ関係を求めよ。

解答&解説 基準となる式(1)に対して，$v_2 \to -v_2$，$i_1 \to -i_1$，$M \to -M$ と変換すると，

$$\begin{cases} v_1 = L_1 \dfrac{d(-i_1)}{dt} + (-M) \dfrac{di_2}{dt} \\ -v_2 = L_2 \dfrac{di_2}{dt} + (-M) \dfrac{d(-i_1)}{dt} \end{cases}$$

となり，これを整理すると，

$$\begin{cases} v_1 = -L_1 \dfrac{di_1}{dt} - M \dfrac{di_2}{dt} \\ -v_2 = L_2 \dfrac{di_2}{dt} + M \dfrac{di_1}{dt} \end{cases} \quad \cdots\cdots \text{（答）}$$

演習問題 16.2 図において1次回路側から見たインピーダンス Z_1 を求めよ。

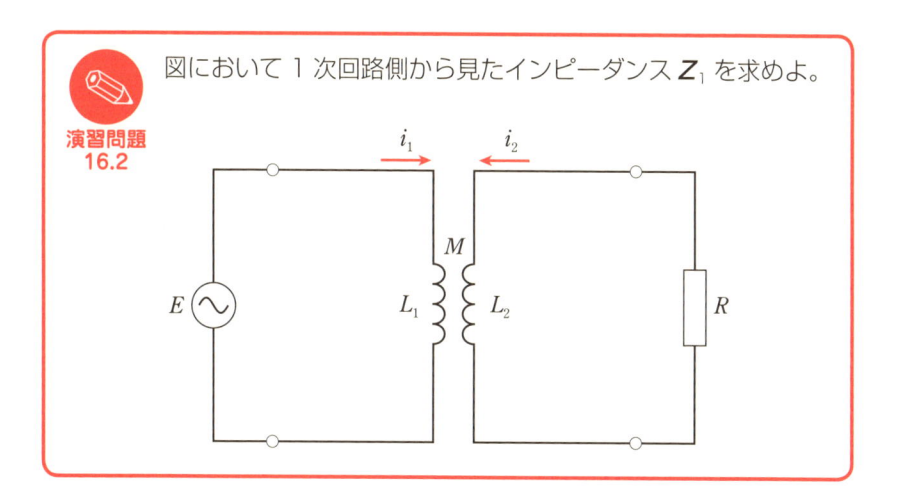

解答&解説 変圧器に「・」が省略されているときは，基準となる関係になっていると考えてよいので，回路方程式は，

$$\begin{cases} E = j\omega L_1 I_1 + j\omega M I_2 \\ 0 = j\omega L_2 I_2 + j\omega M I_1 + R I_2 \end{cases}$$

となり，I_2 を消去してまとめると，

$$E = \left(j\omega L_1 + \dfrac{\omega^2 M^2}{j\omega L_2 + R} \right) I_1$$

$\underbrace{\phantom{j\omega L_1 + \dfrac{\omega^2 M^2}{j\omega L_2 + R}}}_{Z_1}$

$$\therefore Z_1 = j\omega L_1 + \dfrac{\omega^2 M^2}{j\omega L_2 + R} \quad \cdots\cdots \text{（答）}$$

コメント 相互誘導回路をT形等価回路に描き直してから，合成インピーダンス Z_1 を計算しても，同じ結果を得ることができます。

講義16●相互誘導回路

講義 LECTURE 17 交流電力

講義07では，電力を電圧と電流の積として定義しました。そこでは，電圧と電流の位相差が0と$\frac{\pi}{2}$のときのみを扱いました。ここでは，電力の定義を拡張し，位相差ϕの一般的な場合について電力を求めましょう。

17.1 電力の定義

まずは，三角関数を用いて電圧と電流の位相差がϕのときの電力を計算してみましょう。

図 17.1 の回路において，電圧vと電流iが次のように位相差ϕで表されるとします。

$$v = V_m \sin \omega t$$

$$i = I_m \sin(\omega t + \phi)$$

位相差ϕは，電圧に対して電流の位相が進む向きを正にとっていて，インピーダンスの偏角θと同じ大きさで異符号になっています。

このとき負荷で消費される電力（瞬間電力）をPとすると，

図 17.1 ● 電圧をかけた負荷

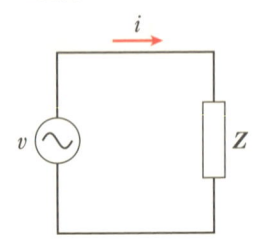

$$\begin{aligned}
P &= vi \\
&= V_m I_m \sin\omega t \sin(\omega t + \phi) \\
&= V_m I_m \sin\omega t (\sin\omega t \cos\phi + \cos\omega t \sin\phi) \quad \text{加法定理} \\
&= V_m I_m (\sin^2\omega t \cos\phi + \sin\omega t \cos\omega t \sin\phi) \\
&= V_m I_m \left(\frac{1-\cos 2\omega t}{2}\cos\phi + \frac{\sin 2\omega t}{2}\sin\phi \right) \quad \text{2倍角の公式} \\
&= \underbrace{\frac{V_m I_m}{2}\cos\phi}_{\text{定数}} - \underbrace{\frac{V_m I_m}{2}(\cos 2\omega t \cos\phi - \sin 2\omega t \sin\phi)}_{\text{時間変化}}
\end{aligned}$$

ここで，電流と電圧の実効値を $V_e = \dfrac{V_m}{\sqrt{2}}$，$I_e = \dfrac{I_m}{\sqrt{2}}$ とおき，加法定理

$$\cos(2\omega t + \phi) = \cos 2\omega t \cos\phi - \sin 2\omega t \sin\phi$$

を用いると，

$$P = V_e I_e \cos\phi - V_e I_e \cos(2\omega t + \phi) \tag{1}$$

となります。時間平均をとると，式(1)の右辺第2項は0になるので，**平均電力**は次のように表すことができます。

$$\overline{P} = V_e I_e \cos\phi \tag{2}$$

式(2)が，電圧と電流との間の位相差が ϕ の場合の平均電力の定義です。$\cos\phi$ を**力率**といいます。力率は％で表すことが多いです。

負荷の複素インピーダンス Z を，抵抗値 R とリアクタンス X を用いて表すと，

$$Z = R + jX$$

となります。Z の偏角 θ は，$\theta = -\phi$ という関係が成り立つので，Z を複素平面で表すと**図17.2(左)**のようになります。対応が分かるように，フェーザ図を右に描いておきます。

図17.2(左)より，

$$R = |Z|\cos\theta = |Z|\cos(-\phi) = |Z|\cos\phi \tag{3}$$

の関係が成り立ちます。

図 17.2 ● インピーダンスの複素数表示とフェーザ図

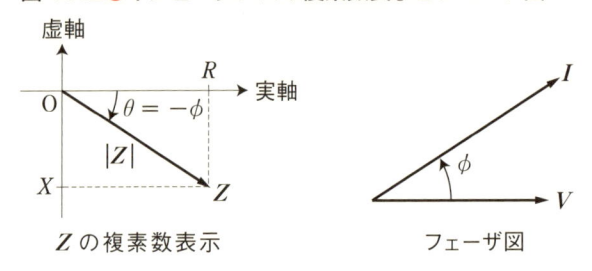

Z の複素数表示

フェーザ図

　フェーザの大きさが実効値であることを思い出して，$|V|=V_e$，$|I|=I_e$ とおくと，

$$|Z|=\frac{|V|}{|I|}=\frac{V_e}{I_e} \tag{4}$$

という関係が成り立ちます。また，図 17.2 より力率を次のように表すことができます。

$$\cos\phi=\cos(-\theta)=\cos\theta=\frac{R}{|Z|} \tag{5}$$

式(4)，(5)を平均電力の式(2)に代入すると，次のようになります。

$$\overline{P}=V_e I_e \cos\phi=|Z|I_e \cdot I_e \cdot \frac{R}{|Z|}=RI_e^2$$

これは，直流回路における電力の定義式と同じ形をしています。このように，実効値を用いれば，電圧と電流の位相差が ϕ のときでも，直流と同じ形式で表すことができるのです。

交流電力

インピーダンス $Z=R+jX$ の負荷に交流電流 I を流したときの平均電力は，電流の実効値 I_e を用いて，

$$\overline{P}=RI_e^2$$

と表される。

17.2 交流電力の複素数表示

交流電力そのものも複素数で表してしまうと，さらに見通しがよくなります。電圧フェーザを V と電流フェーザを I を次のようにおきます。

$$V = V_e e^{j\theta_V}, \quad I = I_e e^{j\theta_I}$$

電圧フェーザと電流フェーザの積をとったときに位相差 $\phi = \theta_I - \theta_V$ が出てくるように，V の複素共役

$$\overline{V} = V_e e^{-j\theta_V}$$

を作り，電流フェーザとの積を作ると，

$$P_C = \overline{V} I = V_e I_e e^{j(\theta_I - \theta_V)}$$

となり，ここで電圧と電流の位相差 $\phi = \theta_I - \theta_V$ を用いると，

$$P_C = V_e I_e e^{j\phi} = V_e I_e \cos\phi + j V_e I_e \sin\phi \tag{6}$$

となります。式(6)の P_C を**複素電力**といいます。また，$\sin\phi$ を**リアクタンス率**といいます。

図 17.3 のように，複素電力の偏角 ϕ は，インピーダンスの偏角 θ と大きさが等しく符号が逆，つまり，$\phi = -\theta$ になっています。

複素電力 P_C の実部 P_a は，式(2)で扱った平均電力 $\overline{P}$ と一致します。平均電力のことを**有効電力**と呼ぶこともあります。それに対して，複素電力 P_C の虚部 P_r を**無効電力**といいます。無効電力の単位は電圧と電流の積になりますがワットを用いずに，**ボルトアンペア**（記号は〔VA〕），または**バール**

図 17.3 ●複素電力とインピーダンス

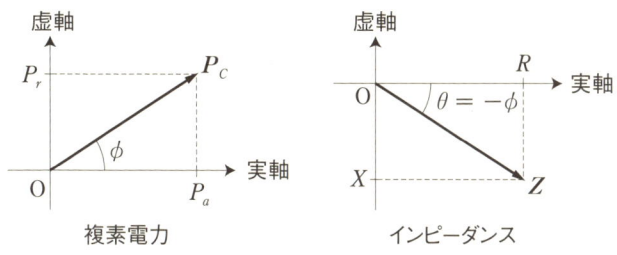

（記号は〔var〕）を用います。

複素電力

$$P_C = \overline{V} I = \underline{V_e I_e \cos\phi} + j\underline{V_e I_e \sin\phi}$$
P_a（有効電力）　P_r（無効電力）

$\cos\phi$：力率

$\sin\phi$：リアクタンス率

さて，電圧フェーザの複素共役をとる代わりに，電流フェーザの複素共役をとり，複素電力の定義を，

$$P_C = V\overline{I} = V_e I_e e^{j(\theta_v - \theta_I)} = V_e I_e e^{j(-\phi)} = V_e I_e \cos\phi - jV_e I_e \sin\phi$$

と決めるとどうなるでしょうか。$P_C = \overline{V} I$ のときと比べて実部が等しく，虚部の符号だけが異なります。どちらで定義することも可能なのですが，電力関係では，誘導的（$X>0$，電圧より電流の位相が進む）な無効電力が−，容量的（$X<0$，電圧より電流の位相が遅れる）な無効電力が＋となるように決める場合が一般的なので，本書でも $P_C = \overline{V} I$ の定義を採用します。

17.3 無効電力の物理的意味

ところで，無効電力とは，一体，何を表しているのでしょうか。図 17.3（右）を見ると分かるように，有効電力 P_a が一定の場合，無効電力 P_r が大きいと，$|\phi|=|\theta|$ が大きくなるので，リアクタンス X の大きさが大きくなります。つまり，コイルやコンデンサと電源の間のエネルギーのやり取りが大きいということを意味します。コイルやコンデンサではエネルギーは消費されませんが，有効電力が一定でも，複素電力の大きさ $|P_C|=V_e I_e$ が大きくなります（**図 17.4** の P_C の大きさを比較してください）。そのため，電流を大きくする必要が生じ，電力損失や設備の電流容量などに影響が出てきます。そのため，送電のときには，無効電力を小さくする工夫が必要になるわけです。

この複素電力の大きさ $|P_C|=V_e I_e$ のことを**皮相電力**といいます。皮相電力は電圧と電流の積の形をしていますが，電力（有効電力）ではないので，単位にワットは用いず，ボルトアンペア（記号は〔VA〕）を用います。皮相電

図 17.4 ● $|P_r|$ が大きいと，$|P_c|$ が大きくなる

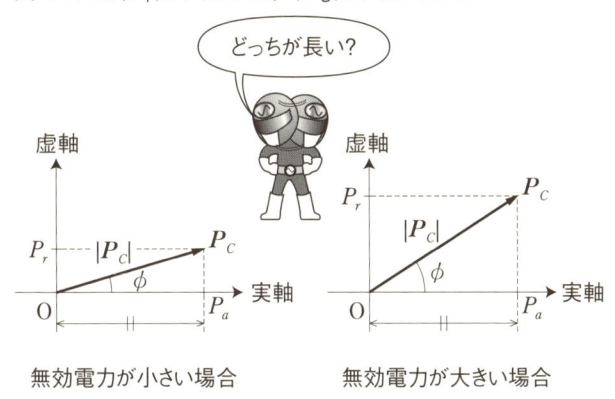

どっちが長い？

無効電力が小さい場合

無効電力が大きい場合

力は，電気機器の容量（力率が1のときの消費電力）を表すときに用います。

17.4 交流電力の計算

図 **17.5** のように抵抗 R とリアクタンス X を直列に接続し，電圧フェーザ $V = V_e \angle \theta_V$ をかけたときの有効電力と無効電力を計算してみましょう。

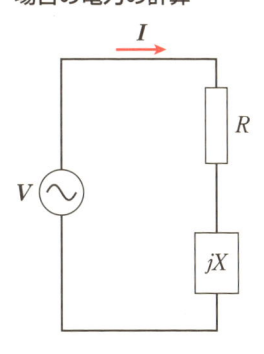

インピーダンスの複素数表示とフェーザ図は，図 **17.6** のようになります。

フェーザの大きさは実効値と等しいので，$|V| = V_e$，$|I| = I_e$ とおくと，

$$|Z| = \frac{|V|}{|I|} = \frac{V_e}{I_e}$$

ここで，図 17.6 より，力率とリアクタンス率は，

$$\cos\phi = \cos(-\theta) = \cos\theta = \frac{R}{|Z|}$$

$$\sin\phi = \sin(-\theta) = -\sin\theta = -\frac{X}{|Z|}$$

となり，有効電力と無効電力は，

$$P_a = V_e I_e \cos\phi = |Z| I_e^2 \cos\phi = R I_e^2$$

$$P_r = V_e I_e \sin\phi = |Z| I_e^2 \sin\phi = -X I_e^2$$

となります。この結果を見ると，有効電力 P_a は常に正になりますが，無効電力 P_r はリアクタン

図 17.5 ● 直列接続の場合の電力の計算

図17.6 ● インピーダンスの複素数表示とフェーザ図

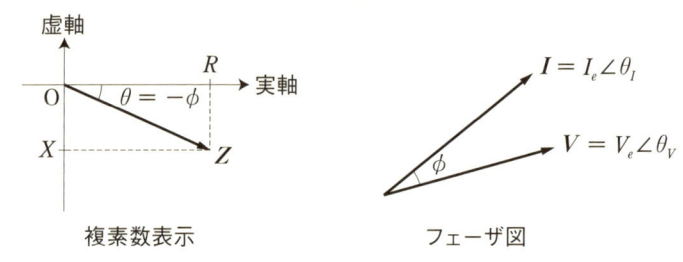

複素数表示

フェーザ図

ス X の符号により正，負どちらの値もとることが分かります．誘導的なとき ($X>0$) は $P_r<0$ となり，容量的なとき ($X<0$) は $P_r>0$ となります．

次に，**図17.7**のように，コンダクタンス G の抵抗とサセプタンス B のコイルまたはコンデンサを並列に接続し，電圧フェーザ $V=V_e\angle\theta_V$ をかけたときの有効電力と無効電力を計算してみましょう．

図17.7 ● 並列接続の場合の電力の計算

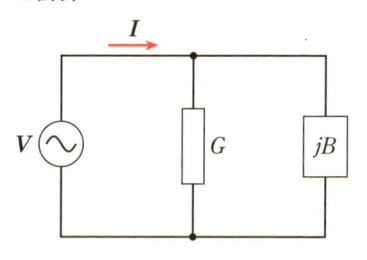

アドミタンス Y の複素数表示とフェーザ図は**図17.8**のようになります．$I=YV$ より，

$$|Y|=\frac{|I|}{|V|}=\frac{I_e}{V_e}$$

図17.8より，力率とリアクタンス率は，

$$\cos\phi=\frac{G}{|Y|}$$

$$\sin\phi=\frac{B}{|Y|}$$

となり，有効電力と無効電力は，

$$P_a=V_eI_e\cos\phi=|Y|V_e^2\cos\phi=GV_e^2$$

$$P_r=V_eI_e\sin\phi=|Y|V_e^2\sin\phi=BV_e^2$$

となります．この結果より，有効電力 P_a は常に正になり，無効電力はサセプタンス B の符号により正，負どちらの値もとることが分かります．

図17.8●アドミタンスの複素数表示とフェーザ図

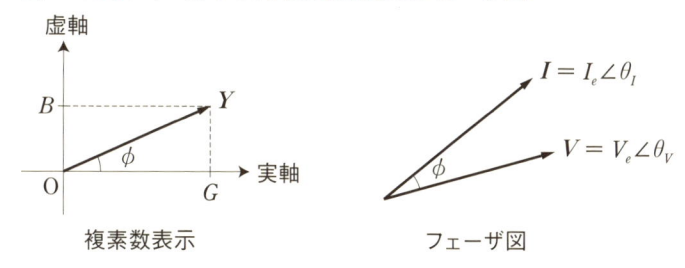

複素数表示／フェーザ図

例えば負荷がコイルの場合，リアクタンスは $jX = j\omega L$ となって $X>0$ となり，サセプタンスは $jB = \dfrac{1}{j\omega L} = -j\dfrac{1}{\omega L}$ となって $B<0$ となります。つまり，無効電力は，誘導的なとき（$X>0$，$B<0$），$P_r<0$ となることが分かります。逆に，容量的なとき（$X<0$，$B>0$），$P_r>0$ となることも容易に確かめることができます。

演習問題 17.1　負荷の電圧 $\boldsymbol{V}=100+j0$〔V〕，電流 $\boldsymbol{I}=10+j10$〔A〕のとき，負荷の皮相電力 $|\boldsymbol{P_C}|$，有効電力 P_a，無効電力 P_r を求めよ。

解答&解説　フェーザ図は下図のようになります。

電圧と電流の実効値は，

$$V_e = 100, \quad I_e = 10\sqrt{2}$$

となり，力率とリアクタンス率は，

$$\cos\phi = \cos 45° = \frac{1}{\sqrt{2}}, \quad \sin\phi = \sin 45° = \frac{1}{\sqrt{2}}$$

となります。よって，皮相電力，有効電力，無効電力は以下のようになります。

$$|P_C| = V_e I_e = 1000\sqrt{2} \fallingdotseq 1400 \text{〔VA〕} \quad \cdots\cdots \text{（答）}$$

講義17●交流電力

$$P_a = |\boldsymbol{P}_C|\cos\phi = 1000〔\mathrm{W}〕, \quad P_r = |\boldsymbol{P}_C|\sin\phi = 1000〔\mathrm{VA}〕 \cdots\cdots (答)$$

> **演習問題 17.2** 図の回路において力率を 1 にするためには，静電容量 C をどのような値にすればよいか。

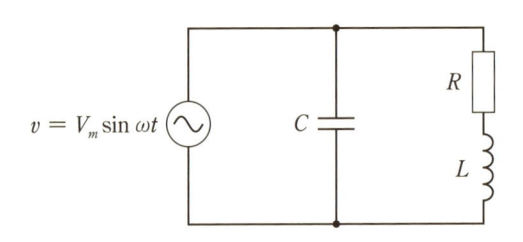

解答&解説 アドミタンス Y は，

$$Y = j\omega C + \frac{1}{R+j\omega L} = j\omega C + \frac{R-j\omega L}{R^2+(\omega L)^2}$$

$$= \frac{R}{R^2+\omega^2 L^2} + j\left(\omega C - \frac{\omega L}{R^2+\omega^2 L^2}\right)$$

よって，力率 $\cos\phi = 1$，つまりアドミタンスの偏角 $\phi = 0$ にするためには，上式の虚部が 0 になればよいから，

$$C = \frac{L}{R^2+\omega^2 L^2} \cdots\cdots (答)$$

> **コメント** このように，コイルと抵抗にコンデンサを並列に接続し，力率を 1 に近づけることを**力率改善**といいます。力率を改善することは電力損失を少なくし，設備の容量を小さくすることができるので電力関係でよく用いられます。

講義 18 | 3相交流

　ここまで扱ってきた交流は，1つの正弦波で表すことができるものでした。ここでは，3つの交流が回路に共存する回路を扱います。

18.1 単相交流と多相交流

　図 18.1(a)のように電源電圧 V と電流 I を1つに定めることができる交流方式を**単相交流**といいます。それに対して**図 18.1(b)**のように，角周波数は等しいが位相が互いに異なる電源電圧と電流を用いる方式を**多相交流**といいます。

　実際の電力系統でよく使われているのは，3つの電源電圧と電流を用いる**3相交流**です。3相交流の中でも電源電圧と電流の大きさが互いに等しく，位相が順次 $\frac{2\pi}{3}$ だけずれているものを**対称3相交流**といいます。単相交流回路を送電に使う場合，送電線は2本必要ですが，対称3相交流回路の場合，**図 18.2** のように戻りの送電線に流れる電流をまとめると，各相の電流が打ち消しあって0になるため，戻りの送電線を省略することができます。そのため，3本の送電線で単相交流の3倍のエネルギーを送ることができます。送電線を1本減らすことができれば，**導線に使用する大量の金属を減らし，鉄塔などを小さくできる**のに加え，**送電によるエネルギー損失を小さくする**こともできます。

図 18.1 ●単相交流と多相交流

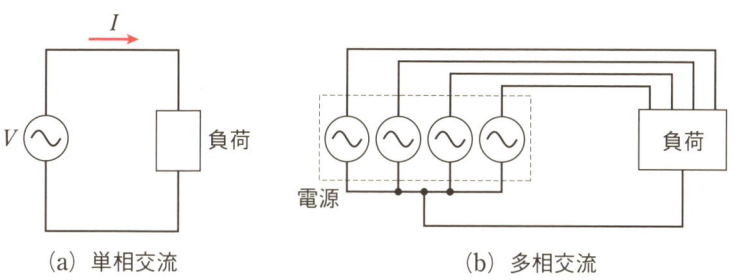

(a) 単相交流

(b) 多相交流

図 18.2 ● 送電線を減らすことができる

位相を $\frac{2\pi}{3}$ ずらす

戻りの送電線では打ち消し合って電流 0

⇩

戻りの送電線を省略できる

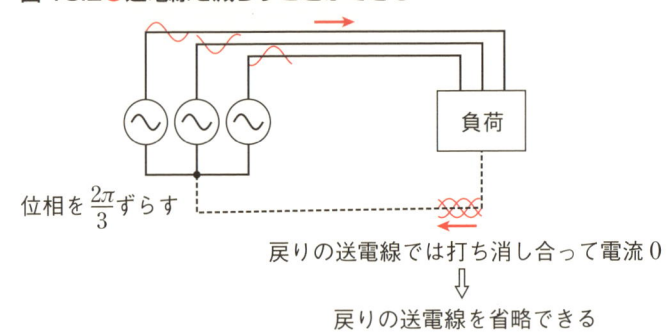

図 18.3 ● 3 相交流は動力変換が簡単

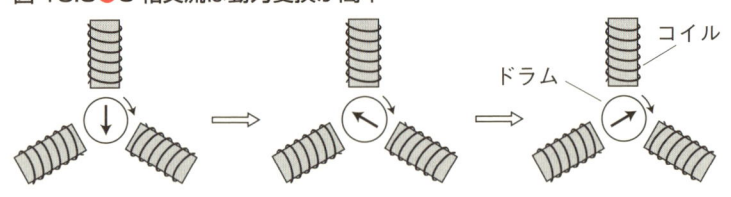

コイルの作る合成磁場が回転することで，ドラムが回転する

　実は，位相を π ずらした 2 相交流でも，戻りの送電線に流れる電流を 0 にして省略することができるので，2 本の導線で単相交流の 2 倍のエネルギーを送ることができます。送電線を減らすことだけを考えれば 2 相でも 3 相でもよいような気がしますが，3 相のほうが優れた点があるため，電力系統では主に 3 相が使われています。それは，**動力変換が容易である**という点です。**図 18.3** のように 3 相で送電されてきた交流電流をコイルに流すと，コイルは回転する磁界を作ります。その中に回転ドラムを設置すると，ドラムが回転します。これが，誘導電動機の仕組みです。工場などの設備では大型のモーターが多数必要なので，誘導電動機によって簡単に動力変換できる 3 相交流はとても便利なのです。2 相交流では磁界が回転しないため，誘導電動機による動力変換を簡単に行うことができません。このように，対称 3 相交流にはさまざまなメリットがあります。ここでは，対称 3 相交流に限定して話を進めていきます。

18.2 対称 3 相交流

　対称 3 相交流では，電源電圧の実効値が等しく，起電力間の位相差が $\frac{2\pi}{3}$

になるので，起電力の瞬時値は次のようになります．

$$\begin{cases} e_a = E_m \sin \omega t \\ e_b = E_m \sin\left(\omega t - \dfrac{2\pi}{3}\right) \\ e_c = E_m \sin\left(\omega t - \dfrac{4\pi}{3}\right) \end{cases}$$

位相の順番は，$a \to b \to c \to a$ の順番になるように表すことに決められています．これをグラフに表すと**図 18.4** のようになります．

図 18.4 は，同時に振動する 3 つの単振動を表しています．その様子を思い浮かべるのは難しいですよね．そこで，次元を 1 つ増やして規則性を見出しやすくします．「実軸（1 次元）上の単振動は，複素平面（2 次元）における等速円運動」ですから，複素数へ拡張すると，一定の角度を保ちながら回転する 3 本のベクトルをイメージすればよいことになります．電圧の実効値を $E = \dfrac{E_m}{\sqrt{2}}$ とおき，電源電圧をフェーザ表示すると，

$$\begin{cases} \boldsymbol{E}_a = E \\ \boldsymbol{E}_b = E e^{-j\frac{2\pi}{3}} \\ \boldsymbol{E}_c = E e^{-j\frac{4\pi}{3}} \end{cases}$$

となり，フェーザ図は**図 18.5** のようになります．

図 18.4● 対称 3 相交流起電力

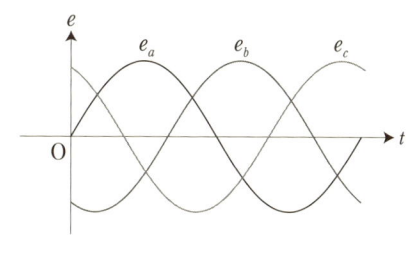

図 18.5● 対称 3 相交流起電力のフェーザ図

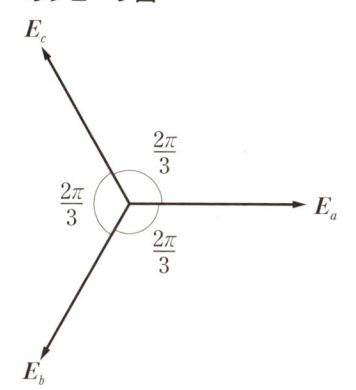

フェーザ図をみると，3つの起電力の間の対称性がはっきりしますよね。図 18.5 から明らかに，

$$E_a + E_b + E_c = 0 \tag{1}$$

が成り立つことが分かります。式(1)が成り立つことが対称3相交流の特徴です。

18.3 対称3相交流電圧

電源を3相に接続する方法には，**図 18.6** の2つの方法があります。(a)と(b)のどちらの接続方法でも，図 18.4 のように，a，b，c の位相が $\frac{2\pi}{3}$ ずつずれた電圧を作ることができます。(a)の接続方法を **Y 接続** または **星形（スター）接続** といい，電源電圧 E_a, E_b, E_c を **相電圧** といいます。また，(b)の接続方法を **Δ 接続** といいます。ab 間，bc 間，ca 間のような各相間の電圧を **線間電圧** といいます。(b)では，電源電圧 E_{ab}, E_{bc}, E_{ca} が線間電圧と等しくなっています。Y 接続は主に送電線で用いられ，Δ 接続は主に配電線で用いられます。

次に，Y 接続と Δ 接続が等価になるための条件を考えてみましょう。b 相に対する a 相の電圧フェーザを E_{ab} と表すと，Y 接続と Δ 接続が等価になるとき，以下の関係が成り立ちます。

$$E_{ab} = E_a - E_b \tag{2}$$
$$E_{bc} = E_b - E_c \tag{3}$$

図 18.6 ● 対称3相交流電圧の接続方法

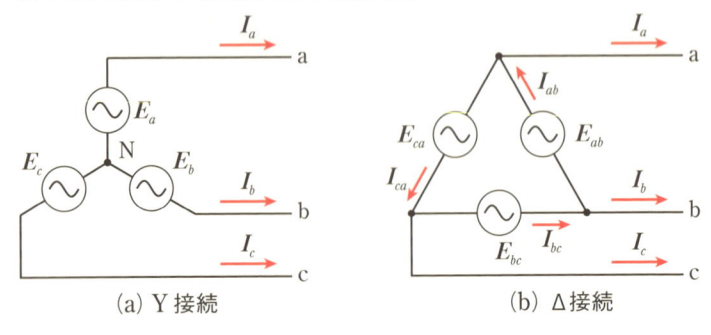

(a) Y 接続　　(b) Δ 接続

$$E_{ca} = E_c - E_a \tag{4}$$

式(2), (3), (4)の関係をフェーザ図で表すと**図 18.7** のようになります。

ここで, 相電圧と線間電圧の大きさをそれぞれ

$$|E_a| = |E_b| = |E_c| = E$$
$$|E_{ab}| = |E_{bc}| = |E_{ca}| = E_r$$

とおき, 図 18.7 の一部を抜き出して考えると**図 18.8** のようになります。
よって, 以下の関係が成り立ちます。

$$E_r = \sqrt{3}\, E$$

図 18.7● Y 接続と Δ 接続が等価のときのフェーザ図

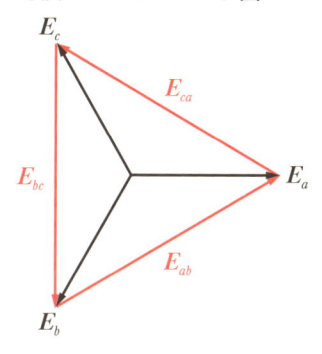

図 18.8● 相電圧と線間電圧の関係

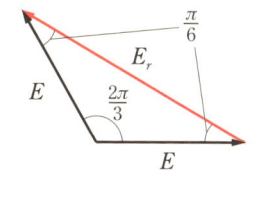

18.4 対称 3 相交流電流

図 18.6 の電流 I_a, I_b, I_c を**線電流**または**相電流**といいます。また, I_{ab}, I_{bc}, I_{ca} を**環状電流**といいます。Y 接続と Δ 接続が等価になっているとき, 線電流と環状電流との間に成り立つ関係を調べてみましょう。

キルヒホッフの第 1 則より, 以下の関係が成り立ちます。

$$I_a = I_{ab} - I_{ca} \tag{5}$$
$$I_b = I_{bc} - I_{ab} \tag{6}$$
$$I_c = I_{ca} - I_{bc} \tag{7}$$

式(5), (6), (7)の関係をフェーザ図で表すと, **図18.9**のようになります。線電流と環状電流の大きさをそれぞれ

$$|I_a| = |I_b| = |I_c| = I$$
$$|I_{ab}| = |I_{bc}| = |I_{ca}| = I_r$$

とおくと, 電圧のときと同様の計算により, 以下の関係が成り立ちます。

$$I = \sqrt{3}\, I_r$$

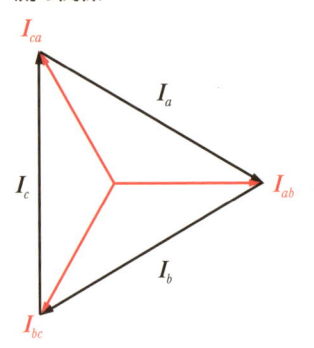

図18.9● 線電流と環状電流の関係

演習問題 18.1

図において, $E_a = E$, $E_b = E\angle -120°$, $E_c = E\angle -240°$ のとき, 線間電圧 V_{ab} のフェーザ表示を求めよ。

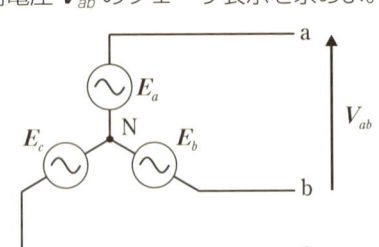

解答&解説 フェーザ図は下図のようになります。

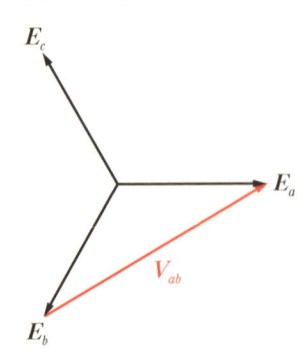

V_{ab} は, E_a の大きさを $\sqrt{3}$ 倍して 30° 回転したフェーザになるので,

$$V_{ab} = \sqrt{3}\,E \angle 30° \cdots\cdots(\text{答})$$

> **演習問題 18.2** 図において線電流が $I_a = I$, $I_b = I\angle -120°$, $I_c = I\angle -240°$ のとき,環状電流 I_{ab} のフェーザ表示を求めよ。

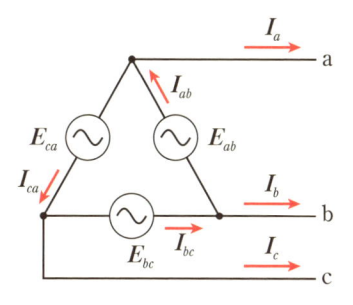

解答&解説 キルヒホッフ第1則より,

$$I_a = I_{ab} - I_{ca}$$

となるので,フェーザ図は下図のようになります。

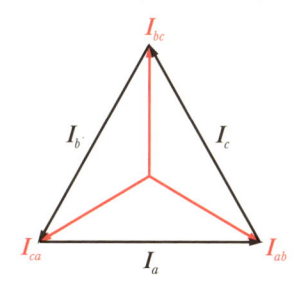

よって,I_{ab} は,I_a の大きさを $\dfrac{1}{\sqrt{3}}$ 倍して,$-30°$ 回転したフェーザになるので,

$$I_{ab} = \frac{1}{\sqrt{3}} I \angle -30° \cdots\cdots(\text{答})$$

講義 19 対称3相交流回路

　講義18で学んだ対称3相交流電圧に負荷を接続すると対称3相交流回路になります。ここでは，負荷がY接続，Δ接続の各場合について，線電流や環状電流を求める方法を学びましょう。いずれの接続の場合でも，フェーザ図さえ描けてしまえば，図から簡単に求めることができます。

19.1 3相負荷インピーダンス

　対称3相交流電圧と同じように，3つの負荷インピーダンスをY接続または Δ接続したものを **3相負荷インピーダンス** といいます（**図19.1**）。Y接続とΔ接続が等価回路になるときに成り立つ関係は，講義05で扱った場合と同じで，抵抗をインピーダンスで置き換えたものになります。つまり，次のようになります。

$$\text{Y接続のインピーダンス} = \frac{\text{両端の積}}{\text{全インピーダンスの和}}$$

これを図19.1に適用し，Δ接続をY接続に変換する式を求めると，次のようになります。

$$Z_a = \frac{Z_{ca} Z_{ab}}{Z_{ab} + Z_{bc} + Z_{ca}} \tag{1}$$

図 19.1 ● 3相負荷インピーダンスの接続方法

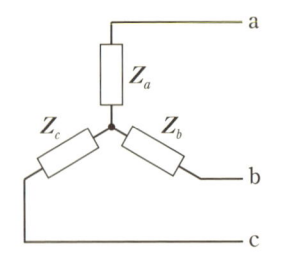

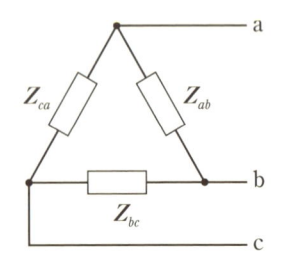

$$Z_b = \frac{Z_{ab}Z_{bc}}{Z_{ab} + Z_{bc} + Z_{ca}} \tag{2}$$

$$Z_c = \frac{Z_{bc}Z_{ca}}{Z_{ab} + Z_{bc} + Z_{ca}} \tag{3}$$

これを，逆に解くと，Y接続をΔ接続へ変換する式を得ることができます．

$$Z_{ab} = \frac{Z_aZ_b + Z_bZ_c + Z_cZ_a}{Z_c} \tag{4}$$

$$Z_{bc} = \frac{Z_aZ_b + Z_bZ_c + Z_cZ_a}{Z_a} \tag{5}$$

$$Z_{ca} = \frac{Z_aZ_b + Z_bZ_c + Z_cZ_a}{Z_b} \tag{6}$$

各相の負荷が等しいことを，**平衡負荷**といいます．このとき，

$$Z_a = Z_b = Z_c = Z$$
$$Z_{ab} = Z_{bc} = Z_{ca} = Z_r$$

とおいて，式(1)～(6)に代入すると，

$$Z_r = 3Z$$

となります．

19.2 対称3相Y接続交流回路

　図 **19.2** のように，対称3相交流電圧（Y接続）に平衡負荷（Y接続）を接続した場合を考えてみましょう．

図 19.2● 対称3相Y接続交流回路

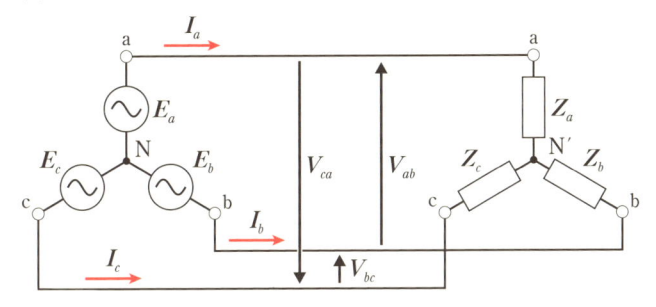

この回路では，

$$I_a + I_b + I_c = 0 \tag{7}$$

が成り立ちます。まずは，その理由から説明します。電源の共通接続点Nと負荷の共通接続点N'を導線で結んでみましょう。この導線を**中性線**といいます。**図19.3**のように，中性線によって，対称3相Y接続交流回路は3つの閉回路に分けることができます。

よって，線電流は，

$$I_a = \frac{E_a}{Z}$$

$$I_b = \frac{E_b}{Z}$$

$$I_c = \frac{E_c}{Z}$$

このとき，中性線を流れる電流は，

$$I_a + I_b + I_c = \frac{E_a + E_b + E_c}{Z}$$

となります。ここで，対称3相交流電圧では，

$$E_a + E_b + E_c = 0$$

が成り立ちますので，結局，中性線を流れる電流は，

$$I_a + I_b + I_c = 0$$

となります。電流が流れないのであれば，中性線をとってしまっても同じこ

図 19.3●中性線を結ぶ

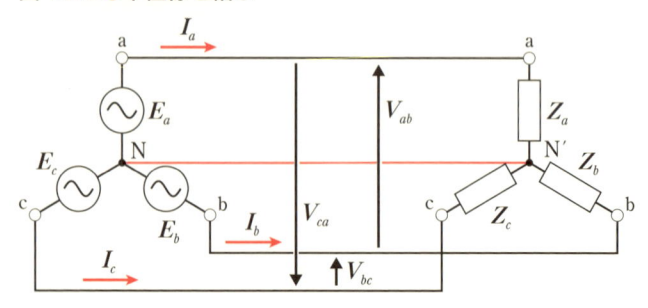

とになりますよね。というわけで，図 19.2 の対称 3 相交流回路では，式(7)が成り立つわけです。このようにして，対称 3 相交流回路では中性線を取り除くことができるため，3 本の送電線で 3 相交流を送電することができ，送電ロスを小さくすることができるのです。

さて，続けましょう。負荷インピーダンス Z を

$$Z = |Z| \angle \theta$$

とおくと，$E_a = ZI_a$ より，1 つの閉回路を取り出したフェーザ図は，**図 19.4** のようになります。

図 19.4 ● I_a を $|Z|$ 倍して θ 回転したフェーザが E_a

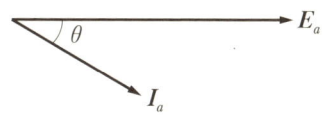

図 19.5 ● 対称 3 相 Y 接続交流回路のフェーザ図

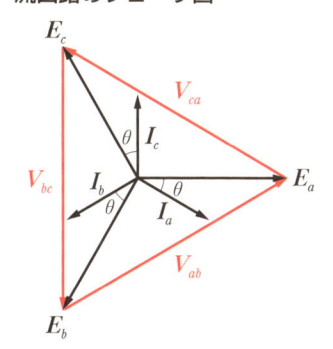

他の 2 つの閉じる回路も同様の関係になり，$E_a + E_b + E_c = 0$ も考慮すると，図 19.2 のフェーザ図は，**図 19.5** のようになります。図 19.5 を見れば，相電圧，線間電圧，線電流の大きさと位相の関係が一目で分かりますよね。

19.3 対称 3 相 Δ 接続交流回路

図 19.6 のように，対称 3 相交流電圧（Δ 接続）に平衡負荷（Δ 接続）を接続した場合を考えてみましょう。

Δ 接続の場合，3 つの閉回路について回路方程式を立てることができます。

図 19.6 ● 対称 3 相 Δ 接続交流回路

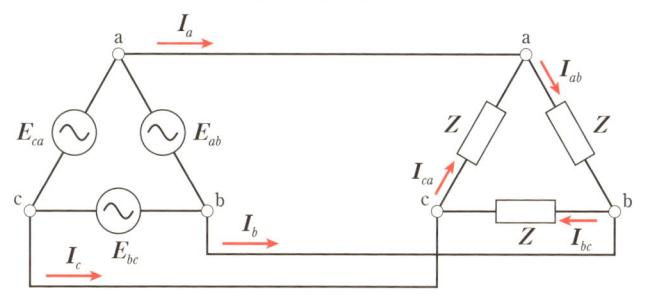

図 19.7●閉回路を選ぶ

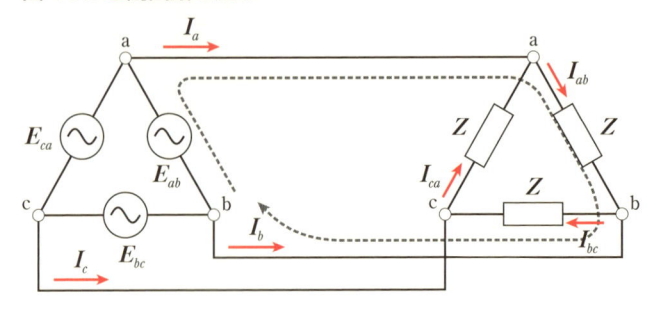

図 19.7 のように閉回路を選ぶと，回路方程式は次のようになります．

$$E_{ab} = Z I_{ab} \tag{8}$$

負荷インピーダンス Z のフェーザ表示を

$$Z = |Z| \angle \theta$$

とすると，式(8)のフェーザ図は，図 19.8 のようになります．

他の2つの閉じた回路についても同様に考えると，

$$E_{bc} = Z I_{bc}, \quad E_{ca} = Z I_{ca}$$

図 19.8●1つの閉回路についてのフェーザ図

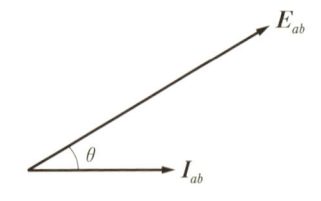

図 19.9●対称3相Δ接続交流回路のフェーザ図

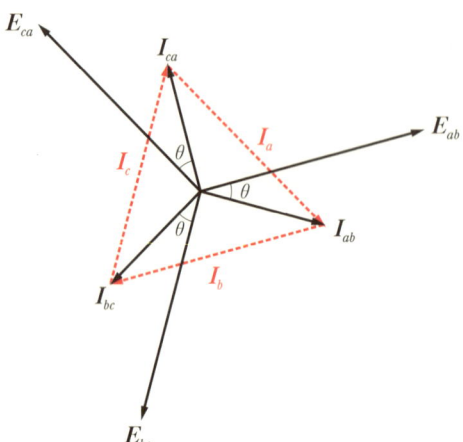

となるので，回路全体のフェーザ図は，**図19.9**のようになります。図19.9を見れば，相電圧，線電流，環状電流の大きさと位相の関係が一目で分かりますよね。

　電源がY接続で負荷がΔ接続の場合や，反対に，電源がΔ接続で負荷がY接続の場合は，どちらかを変換し，Y–Y，または，Δ–Δに揃えてから計算します。どちらに揃えてもよいのですが，実際に測定できるのは，電圧は線間電圧 V_{ab}, V_{bc}, V_{ca}, 電流は線電流 I_a, I_b, I_c なので，これらを用いて表示できるようにする場合が多いです。

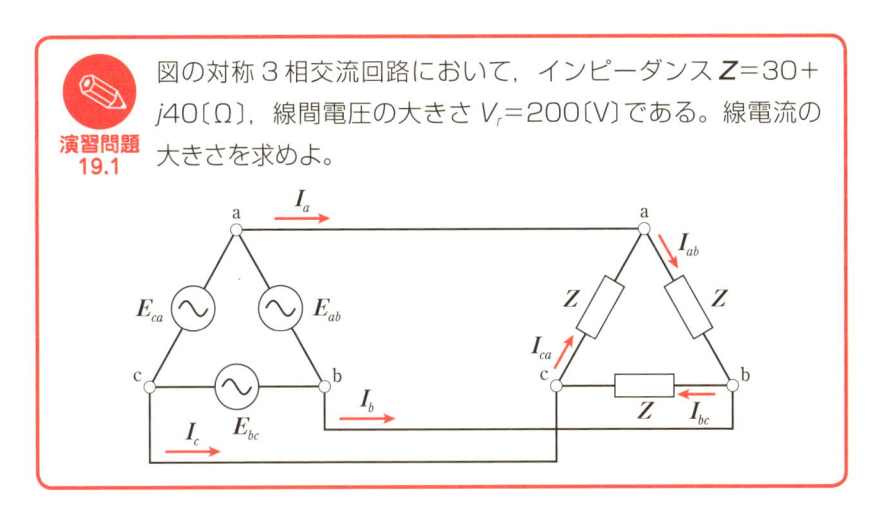

演習問題 19.1 図の対称3相交流回路において，インピーダンス $Z=30+j40$〔Ω〕, 線間電圧の大きさ $V_r=200$〔V〕である。線電流の大きさを求めよ。

解答&解説 1相を取り出して回路方程式を立てると

$$E_{ab} = ZI_{ab}$$

$$\therefore I_{ab} = \frac{E_{ab}}{Z}$$

$$|I_{ab}| = \frac{V_r}{50} = 4 \text{〔A〕}$$

$$|I_a| = \sqrt{3}\,|I_{ab}| = 4\sqrt{3} = 6.9 \text{〔A〕} \quad \cdots\cdots \text{（答）}$$

演習問題 19.2 図の対称3相交流回路において，インピーダンス $Z = 30 + j30\sqrt{3}$ 〔Ω〕，相電圧の大きさ $V = 100$ 〔V〕である。線電流の大きさを求めよ。

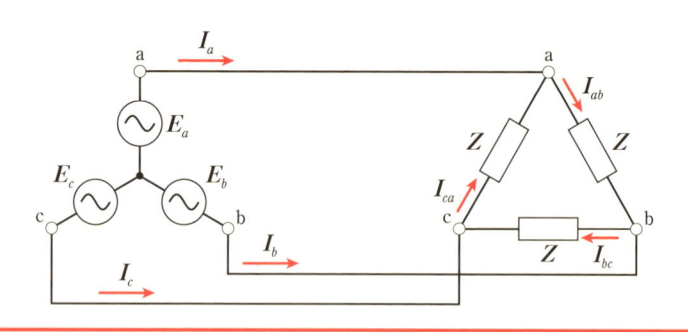

解答&解説 負荷を Δ-Y 変換し，中性線で結ぶと，下図のようになります。

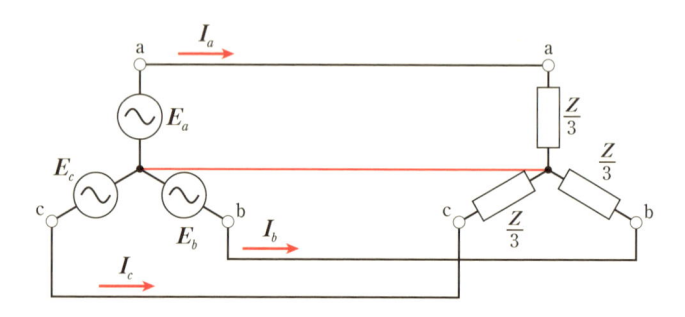

よって，

$$E_a = \frac{Z}{3} I_a$$

$$\therefore I_a = \frac{3E_a}{Z}$$

$$|I_a| = \frac{3 \cdot 100}{60} = 5 \text{〔A〕} \quad \cdots\cdots \text{（答）}$$

講義 20 LECTURE 対称3相交流回路の電力

　対称3相交流回路は，3つの単相交流回路に分けることができます。ですから，その電力は単相交流回路の3倍になるのは当然なのですが，それだけではなく3相が組み合わさることにより，興味深い性質が出てきます。

20.1 対称3相交流の瞬時電力

　図 20.1 のように電源と平衡負荷を Y 接続した回路を考えます。この対称3相交流回路の瞬時電力を計算してみましょう。各相の起電力を次のようにおきます。

$$e_a = E_m \sin \omega t$$

$$e_b = E_m \sin \left(\omega t - \frac{2\pi}{3} \right)$$

$$e_c = E_m \sin \left(\omega t - \frac{4\pi}{3} \right)$$

また，インピーダンスを

$$Z = |Z| \angle \theta$$

図 20.1 ● 対称 3 相 Y 接続交流回路

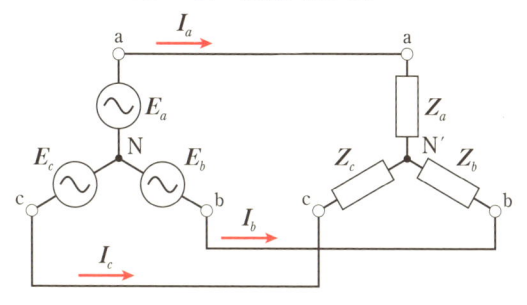

とします。電流に Z をかけると，大きさが $|Z|$ 倍されて位相が θ 進み，電圧に等しくなるわけですから，電流の位相は電圧の位相に比べて θ 遅れることになります。そこで，a 相の電流を

$$i_a = I_m \sin(\omega t - \theta)$$

とおきます。このとき，a 相の瞬時電力 p_a は，

$$\begin{aligned}
p_a &= e_a i_a = E_m I_m \sin \omega t \sin(\omega t - \theta) \quad \text{← 加法定理} \\
&= E_m I_m \sin \omega t (\sin \omega t \cos \theta - \cos \omega t \sin \theta) \\
&= E_m I_m (\sin^2 \omega t \cos \theta - \sin \omega t \cos \omega t \sin \theta) \\
&= E_m I_m \frac{1 - \cos 2\omega t}{2} \cos \theta - E_m I_m \frac{\sin 2\omega t}{2} \sin \theta \quad \text{← 半角の公式} \\
&= \frac{E_m I_m}{2} \cos \theta - \frac{E_m I_m}{2} (\cos 2\omega t \cos \theta + \sin 2\omega t \sin \theta) \quad \text{← 加法定理} \\
&= \frac{E_m I_m}{2} \cos \theta - \frac{E_m I_m}{2} \cos(2\omega t - \theta)
\end{aligned}$$

となり，電圧と電流の実効値を E_e，I_e とおくと，以下のようになります。

$$p_a = E_e I_e \cos \theta - E_e I_e \cos(2\omega t - \theta)$$

同様に，b 相の瞬時電力 p_b と c 相の瞬時電力 p_c は，

$$p_b = e_b i_b = E_e I_e \cos \theta - E_e I_e \cos \left\{ 2\left(\omega t - \frac{2\pi}{3}\right) - \theta \right\}$$

$$p_c = e_c i_c = E_e I_e \cos \theta - E_e I_e \cos \left\{ 2\left(\omega t - \frac{4\pi}{3}\right) - \theta \right\}$$

よって，全瞬時電力 p は，

$$\begin{aligned}
p &= p_a + p_b + p_c \\
&= 3E_e I_e \cos \theta - E_e I_e \left[\cos(2\omega t - \theta) + \cos\left(2\omega t - \theta - \frac{4\pi}{3}\right) \right. \\
&\quad \left. + \cos\left(2\omega t - \theta - \frac{8\pi}{3}\right) \right]
\end{aligned} \quad (1)$$

となり，加法定理を用いると，

$$\cos\left(2\omega t - \theta - \frac{4\pi}{3}\right) = \cos(2\omega t - \theta)\cos\frac{4\pi}{3} + \sin(2\omega t - \theta)\sin\frac{4\pi}{3}$$
$$= -\frac{1}{2}\cos(2\omega t - \theta) - \frac{\sqrt{3}}{2}\sin(2\omega t - \theta)$$
$$\cos\left(2\omega t - \theta - \frac{8\pi}{3}\right) = \cos(2\omega t - \theta)\cos\frac{2\pi}{3} + \sin(2\omega t - \theta)\sin\frac{2\pi}{3}$$
$$= -\frac{1}{2}\cos(2\omega t - \theta) + \frac{\sqrt{3}}{2}\sin(2\omega t - \theta)$$

となるので，式(1)の右辺第2項は0となり，

$$p = 3E_e I_e \cos\theta$$

となります。注目すべきことは，単相交流回路の瞬時電力が**図 20.2(b)**のように脈動していたのに対し，3相交流では**図 20.2(a)**のように瞬時電力が脈動せずに一定値になっているということです。各相の脈動成分が互いに打ち消しあって一定値になっているのですね。

対称3相交流では瞬時電力が脈動しないため，回転磁界を作ってモーターを回すときに，ドラムを滑らかに回転させることができます。これも，対称3相交流回路のメリットの1つです。

対称3相交流の瞬時電力

$$p = 3E_e I_e \cos\theta$$

時間的に脈動せず，一定の値をとる。

図 20.2 ● 対称3相交流の瞬時電力は脈動しない！

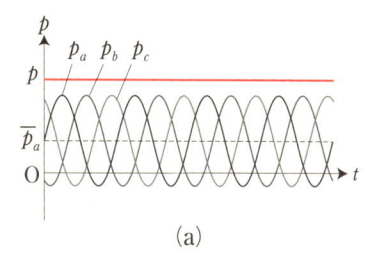

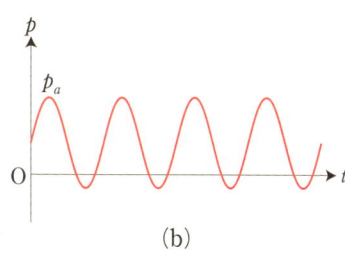

(a) (b)

20.2 対称3相交流の有効電力

対称3相交流では，瞬時電力 p が脈動しないので，瞬時電力を平均して求まる有効電力 P と瞬時電力 p が等しくなります。つまり，

$$P = p = 3E_e I_e \cos\theta$$

となります。ここで，負荷の力率を $\cos\phi$ とおくと，$\phi = -\theta$ より，

$$\cos\phi = \cos(-\theta) = \cos\theta$$

となります。よって，対称3相交流回路の有効電力 P は，次のように表すことができます。

対称3相交流回路の有効電力

$$P = 3E_e I_e \cos\phi$$

$\cos\phi$ は負荷の力率である。

ここで，a相の平均電力を $\overline{p_a}$ とすると，電圧と電力の実効値の積に力率 $\cos\phi$ をかけたものになるので，

$$\overline{p_a} = E_e I_e \cos\phi$$

となり，対称3相交流回路の有効電力 P と，1つの相の平均電力 $\overline{p_a}$ の間には，次の関係が成り立ちます。

対称3相交流回路の有効電力と1つの相の平均電力との関係

$$P = 3\overline{p_a} = 3E_e I_e \cos\phi$$

実際に測定するのは，通常，相電圧ではなく線間電圧 V_r ですので，3相の有効電力を線間電圧を用いて表すと便利です。

$$V_r = \sqrt{3} \times (相電圧)$$

という関係があるので，次のように表すことができます。

> **対称3相交流回路の有効電力を線間電圧で表す**
>
> $$P = 3 \cdot \frac{V_r}{\sqrt{3}} \cdot I_e \cos\theta = \sqrt{3}\, V_r I_e \cos\phi \qquad (2)$$
>
> （線電圧）（線電流）（力率）

Y接続でも Δ接続でも，対称3相交流の電力は式(2)から求めることができます。

演習問題 20.1 図の対称3相交流回路において，インピーダンス $Z = 10 + j10\sqrt{3}\,[\Omega]$，相電圧の大きさ $V = 100\,[V]$ である。負荷の力率 $\cos\phi$ と有効電力 P を求めよ。

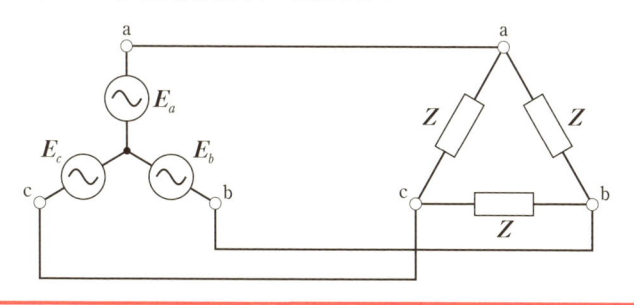

解答&解説 インピーダンス Z を複素平面で表すと下図のようになります。

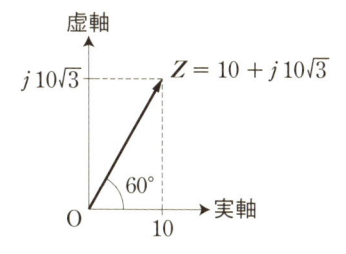

よって，力率は，

$$\cos\phi = \cos(-60°) = \frac{1}{2}$$

となり，負荷を Δ-Y 変換すると，各負荷のインピーダンス Z' は，

$$Z' = \frac{1}{3}Z = \frac{10+j10\sqrt{3}}{3} = \frac{20}{3}\angle 60°$$

よって，線電流の大きさ I は，

$$I = \frac{|E_a|}{|Z'|} = \frac{100\cdot 3}{20} = 15$$

となり，有効電力は，以下のようになります．

$$P = \sqrt{3}V \times \sqrt{3}I\cos\phi = \sqrt{3}\cdot 100 \times \sqrt{3}\cdot 15 \times \frac{1}{2} = 2250\,[\mathrm{W}] \cdots\cdots(\text{答})$$

(線間電圧) (線電流) (力率)

演習問題 20.2 図の対称3相交流回路において，インピーダンス $Z = 5\sqrt{3} + j5\,[\Omega]$，線間電圧の大きさ $V = 100\,[\mathrm{V}]$ である．負荷の力率 $\cos\phi$ と有効電力 P を求めよ．

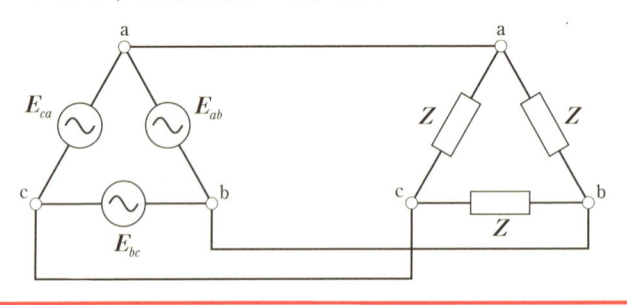

解答&解説 インピーダンスを複素平面に図示すると下図のようになります．

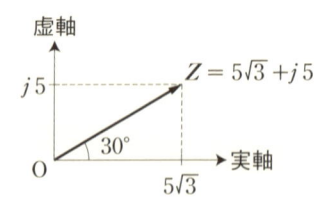

よって，力率は，

$$\cos\phi = \cos(-30°) = \frac{\sqrt{3}}{2}$$

また，ab 間を流れる環状電流を I_{ab} とおくと，

$$I_{ab} = \frac{E_{ab}}{Z}$$

$$\therefore |I_{ab}| = \frac{|E_{ab}|}{|Z|} = \frac{100}{\sqrt{(5\sqrt{3})^2 + 5^2}} = 10$$

よって，有効電力 P は，

$$P = 3 \times \underline{E_{ab} I_{ab} \cos \phi} = 3 \times 100 \times 10 \times \frac{\sqrt{3}}{2} = 2.60 \times 10^3 \text{[W]} \ \cdots\cdots \text{（答）}$$

（1つの相の平均電力）

講義 LECTURE 21 線形回路のノード解析

ノード電圧法やループ電流法を用いて回路方程式を立てるとき，独立なループやノードの組を選ぶ必要があります。回路が複雑になってくると，ループやノードの数が増加するため，独立な組を選ぶのが難しくなります。そこで，機械的に独立な組を選ぶことができるように「グラフ」を導入します。

21.1 グラフの基礎

電気回路は，
(1) どのような回路要素から構成されるか。
(2) どのように接続しているか。
の2点によって決まります。ここでは，「(1) どのような回路要素から構成される」をとりあえず無視して，「(2) どのように接続しているか」だけに着目します。

例えば，**図 21.1(a)** の回路において，ノード（接点）を○で表し，各素子をブランチ（枝）で表すと**図 21.1(b)** のような図を得ることができます。このようにして得られる図形は，接続の仕方だけを抽出したもので，**グラフ**といいます。グラフといっても，数学で登場する「2次関数のグラフ」などとは異なるもので，ノードとブランチの集合のことを意味します。また，ブラ

図 21.1 ● 回路を有向グラフで表す

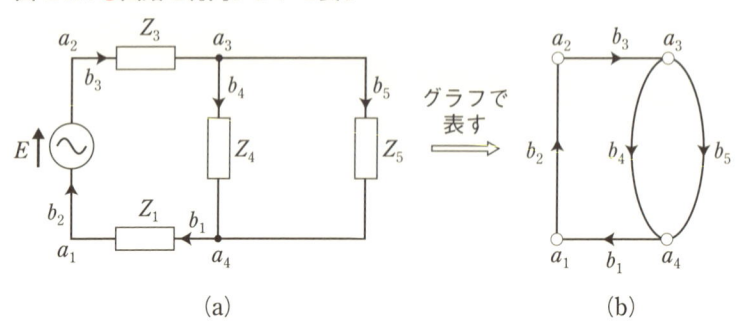

(a)   (b)

ンチに向きをつけたものを**有向グラフ**といいます。電気回路の場合は，ブランチに流れる電流を考えるので，有向グラフを用います。

グラフの性質を調べる数学を**グラフ理論**といいます。回路解析にグラフ理論を適用すると，回路が複雑になっても機械的に独立なノードやループの組を選び，方程式を立てることができます。方程式を立てるアルゴリズムがあれば，コンピューターで計算させることが可能になるので，回路が複雑になっても解を得ることができます。

図 21.1(a)の回路で電位が等しい部分をノード a_1, a_2, a_3, a_4，それらを結ぶブランチを b_1, b_2, b_3, b_4, b_5 とおきます。グラフを描くときには，まず，ノード a_1, a_2, a_3, a_4 を配置し，接続関係に注意しながらブランチを結んでいくと，図 21.1(b)のような有向グラフを得ることができます。

次に，グラフの接続関係を表す行列 A を定義します。図 21.1(b)のノード a_1 に着目してください。a_1 には，ブランチ b_1, b_2 の矢印が接続されていて，b_1 の矢印は a_1 に入る向き，b_2 の矢印は出る向きになっています。そこで，入る向きのブランチを -1，出る向きのブランチを 1 として，次のように行列要素を決めます。

$$A = \begin{array}{c} \\ \end{array} \begin{array}{ccccc} b_1 & b_2 & b_3 & b_4 & b_5 \end{array} \\ \left[\begin{array}{ccccc} -1 & 1 & 0 & 0 & 0 \\ & & & & \\ & & & & \\ & & & & \end{array} \right] \begin{array}{c} a_1 \\ a_2 \\ a_3 \\ a_4 \end{array}$$

ノード a_2, a_3, a_4 に接続されているブランチについても同様に考えて，行列を完成させると，次のようになります。

$$A = \left[\begin{array}{ccccc} -1 & 1 & 0 & 0 & 0 \\ 0 & -1 & 1 & 0 & 0 \\ 0 & 0 & -1 & 1 & 1 \\ 1 & 0 & 0 & -1 & -1 \end{array} \right] \begin{array}{c} a_1 \\ a_2 \\ a_3 \\ a_4 \end{array}$$

このようにして定めた行列 A を**接続行列**といいます。接続行列の列を見ると，どの列も 1 と -1 が 1 つずつ出てきて合計 0 になることが分かります。これは，ブランチが必ず 1 つのノードから出て，1 つのノードに入るという

ことを意味します。この性質があるため，4つの行のうちの1行は，他の行の値から求められることになります。そこで，4つの行のうち1つを取り除いた行列 D を作ります。D を**既約接続行列**といいます。ここでは，とりあえずノード a_4 を取り除いてみます。取り除かれたノード（今は a_4）を**基準点**といいます。このとき，既約接続行列 D は，次のようになります。

$$D = \begin{array}{c} \phantom{\begin{bmatrix}}\,b_1\ \ b_2\ \ b_3\ \ b_4\ \ b_5 \\ \begin{bmatrix} -1 & 1 & 0 & 0 & 0 \\ 0 & -1 & 1 & 0 & 0 \\ 0 & 0 & -1 & 1 & 1 \end{bmatrix}\begin{array}{l}a_1\\a_2\\a_3\end{array} \end{array}$$

21.2 キルヒホッフの第1則を既約接続行列で表す

図 21.1(a) の回路において，ブランチ b_1, $\cdots$, b_5 にそれぞれブランチ電流 I_1, $\cdots$, I_5 を定めます。ここで，ブランチ電流を各要素とする列ベクトルを I とおくと，

$$I = \begin{pmatrix} I_1 \\ I_2 \\ I_3 \\ I_4 \\ I_5 \end{pmatrix}$$

このとき，キルヒホッフの第1則は，

$$DI = 0 \tag{1}$$

と表されます。実際に確かめてみると，

$$\begin{pmatrix} -1 & 1 & 0 & 0 & 0 \\ 0 & -1 & 1 & 0 & 0 \\ 0 & 0 & -1 & 1 & 1 \end{pmatrix} \begin{pmatrix} I_1 \\ I_2 \\ I_3 \\ I_4 \\ I_5 \end{pmatrix} = \begin{pmatrix} -I_1 + I_2 \\ -I_2 + I_3 \\ -I_3 + I_4 + I_5 \end{pmatrix} = 0$$

よって，

$$\text{ノード } a_1 : -I_1 + I_2 = 0$$
$$\text{ノード } a_2 : -I_2 + I_3 = 0$$
$$\text{ノード } a_3 : -I_3 + I_4 + I_5 = 0$$

となり，確かにキルヒホッフの第1則になっています。

ここで，省かれているのは次の式です。

$$\text{ノード } a_4 : I_1 - I_4 - I_5 = 0$$

これは，ノード a_1, a_2, a_3 について立てたキルヒホッフの第1則から導くことができ，独立ではない式です。既約接続行列を作れば，機械的に，独立でない方程式を除き，互いに独立な方程式の組み合わせを作ることができるのです。

■ 既約接続行列でキルヒホッフの第1則を表す

既約接続行列を D，ブランチ電流ベクトルを I とすると，キルヒホッフの第1則は，

$$DI = 0$$

21.3 キルヒホッフの第2則を既約接続行列で表す

次に，i 番目のノード a_i の電位を W_i とおき，ブランチ b_i の矢印の向きの電圧降下を V_i とします。このとき，図21.1(b)より，

$$V_1 = W_4 - W_1, \quad V_2 = W_1 - W_2,$$
$$V_3 = W_2 - W_3, \quad V_4 = V_5 = W_3 - W_4$$

という関係が成り立ちます。これは，ノード電圧法を用いたキルヒホッフの第2則になっています。

ノード a_4 を基準点にとったので，$W_4 = 0$ とおくと，

$$V_1 = -W_1, \quad V_2 = W_1 - W_2,$$
$$V_3 = W_2 - W_3, \quad V_4 = V_5 = W_3 \tag{2}$$

となり，ノード a_4 を除く各ノードの電位を要素とする列ベクトル W と，各

ブランチの電圧降下を要素とする列ベクトル V を次のようにおきます。

$$W = \begin{pmatrix} W_1 \\ W_2 \\ W_3 \end{pmatrix}, \quad V = \begin{pmatrix} V_1 \\ V_2 \\ V_3 \\ V_4 \\ V_5 \end{pmatrix}$$

このとき，キルヒホッフの第2則は，既約接続行列の転置行列（行と列を入れ替えた行列）D^t を用いて次のように表すことができます。

$$D^t W = V \tag{3}$$

それでは，実際に確かめてみましょう。

$$\begin{pmatrix} -1 & 0 & 0 \\ 1 & -1 & 0 \\ 0 & 1 & -1 \\ 0 & 0 & 1 \\ 0 & 0 & 1 \end{pmatrix} \begin{pmatrix} W_1 \\ W_2 \\ W_3 \end{pmatrix} = \begin{pmatrix} -W_1 \\ W_1 - W_2 \\ W_2 - W_3 \\ W_3 \\ W_3 \end{pmatrix} = \begin{pmatrix} V_1 \\ V_2 \\ V_3 \\ V_4 \\ V_5 \end{pmatrix}$$

よって，

$$\begin{cases} V_1 = -W_1 \\ V_2 = W_1 - W_2 \\ V_3 = W_2 - W_3 \\ V_4 = W_3 \\ V_5 = W_3 \end{cases}$$

これは，式(2)と一致しており，ノード電圧法によるキルヒホッフの第2則になっていることが確認できました。

■ 既約接続行列でキルヒホッフの第2則を表す

既約接続行列の転置行列を D^t，ノード電圧ベクトルを W，ブランチの電圧降下ベクトルを V とおくと，回路方程式は，

$$D^t W = V$$

21.4 ノード解析

各ノードに流れ込む電流や各ノードの電位についての式を立て解析するのが**ノード解析**です。ここでは，具体的に回路を流れる電流を求める方法について説明しましょう。まずはじめに，図 21.2 の等価回路を用いて，すべての電圧源を電流源に変換します。

図 21.1(a) の回路にこの変換を施すと，図 21.3 のようになります。

ノード a_1 を基準にとると，キルヒホッフの第 1 則は，

$$a_3 : -I_3 + I_4 + I_5 = J$$
$$a_4 : I_1 - I_4 - I_5 = 0$$

また，既約接続行列は，

$$D = \begin{array}{c} \begin{array}{cccc} b_1 & b_3 & b_4 & b_5 \end{array} \\ \left[\begin{array}{cccc} 0 & -1 & 1 & 1 \\ 1 & 0 & -1 & -1 \end{array}\right] \begin{array}{c} a_3 \\ a_4 \end{array} \end{array}$$

よって，

$$DI = \left[\begin{array}{cccc} 0 & -1 & 1 & 1 \\ 1 & 0 & -1 & -1 \end{array}\right] \begin{pmatrix} I_1 \\ I_3 \\ I_4 \\ I_5 \end{pmatrix} = \begin{pmatrix} -I_3 + I_4 + I_5 \\ I_1 - I_4 - I_5 \end{pmatrix} = \begin{pmatrix} J \\ 0 \end{pmatrix}$$

図 21.2● 定電圧源を定電流源へ変換

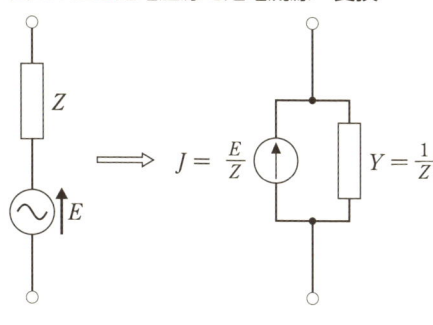

図 21.3● 定電流源へ変換した回路

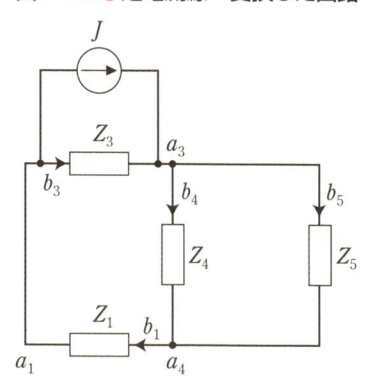

講義 21 ● 線形回路のノード解析

ここで

$$J_D = \begin{pmatrix} J \\ 0 \end{pmatrix}$$

とおき，J_D を**電流源ベクトル**といいます。

このとき，キルヒホッフの第1則は，次のように変換されます。

$$DI = J_D \tag{4}$$

電流源があると0にならない

また，各ブランチのアドミタンスを対角項に並べて作る行列を Y とおきます。つまり，

$$Y = \begin{pmatrix} Y_1 & & & 0 \\ & Y_3 & & \\ & & Y_4 & \\ 0 & & & Y_5 \end{pmatrix}$$

とします。この Y を**ブランチアドミタンス行列**といいます。このとき，

$$I = YV \tag{5}$$

となり，式(4)に式(5)を代入すると，

$$DYV = J_D$$

さらに，式(3)を代入すると，以下のようになります。

$$DYD^t W = J_D$$

ここで，

$$DYD^t = Y_N$$

とおきます。Y_N は**ノードアドミタンス行列**といいます。これより，次のようになります。

$$Y_N W = J_D \tag{6}$$

式(6)を**ノード方程式**といいます。

ノード方程式

ノードアドミタンス行列を $Y_N = DYD^t$ とすると，ノード電圧法による回路方程式は，

$$Y_N W = J_D$$

となる。これをノード方程式という。

よって，次の手順によって，回路を機械的に解くことができます。

ノード解析の手順

(Step1) 回路の接続の仕方を調べ，グラフに直す。
(Step2) 既約接続行列 D を作る。
(Step3) ノードアドミタンス行列 $Y_N = DYD^t$ を計算する。
(Step4) ノード方程式 $Y_N W = J_D$ を解き，各ノード電圧ベクトル W を求める。

図21.3の回路について，具体的にノードアドミタンス行列を計算すると，

$$Y_N = DYD^t = \begin{bmatrix} 0 & -1 & 1 & 1 \\ 1 & 0 & -1 & -1 \end{bmatrix} \begin{pmatrix} Y_1 & & & 0 \\ & Y_3 & & \\ & & Y_4 & \\ 0 & & & Y_5 \end{pmatrix} \begin{bmatrix} 0 & 1 \\ -1 & 0 \\ 1 & -1 \\ 1 & -1 \end{bmatrix}$$

$$= \begin{pmatrix} Y_3 + Y_4 + Y_5 & -Y_4 - Y_5 \\ -Y_4 - Y_5 & Y_1 + Y_4 + Y_5 \end{pmatrix}$$

よって，ノード方程式は，

$$Y_N W = \begin{pmatrix} Y_3 + Y_4 + Y_5 & -Y_4 - Y_5 \\ -Y_4 - Y_5 & Y_1 + Y_4 + Y_5 \end{pmatrix} \begin{pmatrix} W_3 \\ W_4 \end{pmatrix} = \begin{pmatrix} J \\ 0 \end{pmatrix}$$

$$\therefore \begin{cases} (Y_3 + Y_4 + Y_5)W_3 + (-Y_4 - Y_5)W_4 = J & (7) \\ (-Y_4 - Y_5)W_3 + (Y_1 + Y_4 + Y_5)W_4 = 0 & (8) \end{cases}$$

式(7)，(8)を連立して，ノードの電位 W_3 と W_4 を求めることができます。

式(7),(8)をノード電圧法による回路方程式と比較してみましょう。キルヒホッフの第1則より

$$a_3 : \frac{W_3 - 0}{Z_3} + \frac{W_3 - W_4}{Z_4} + \frac{W_3 - W_4}{Z_5} = J$$

$$a_4 : \frac{W_4 - 0}{Z_1} + \frac{W_4 - W_3}{Z_4} + \frac{W_4 - W_3}{Z_5} = 0$$

$Y_1 = \frac{1}{Z_1}$, $Y_3 = \frac{1}{Z_3}$, $Y_4 = \frac{1}{Z_4}$, $Y_5 = \frac{1}{Z_5}$ を用いて整理すると,

$$\begin{cases} (Y_3 + Y_4 + Y_5)W_3 + (-Y_4 - Y_5)W_4 = J \\ (-Y_4 - Y_5)W_3 + (Y_1 + Y_4 + Y_5)W_4 = 0 \end{cases}$$

となり,確かに式(7),(8)と一致します。

21.5 テレヘンの定理

既約接続行列を用いると,キルヒホッフの法則を次のように表すことができましたね。

$$\begin{cases} \text{キルヒホッフの第1則}: \boldsymbol{DI} = 0 & (1) \\ \text{キルヒホッフの第2則}: \boldsymbol{D^t W} = \boldsymbol{V} & (3) \end{cases}$$

この関係から重要な性質を導くことができます。まず,V^t と I の積を作ります。

$$\boldsymbol{V^t I} = V_1 I_1 + V_2 I_2 + V_3 I_3 + V_4 I_4 = (V_1, \ V_2, \ V_3, \ V_4)\begin{pmatrix} I_1 \\ I_2 \\ I_3 \\ I_4 \end{pmatrix} \quad (9)$$

次に,転置行列の性質を用います。転置行列には次の性質があります(詳しくは線形代数の教科書を参照)。

$$\begin{cases} (\boldsymbol{A^t})^t = \boldsymbol{A} \\ (\boldsymbol{AB})^t = \boldsymbol{B^t A^t} \end{cases}$$

よって,式(3)は,

$$V^t = (D^t W)^t = W^t (D^t)^t = W^t D$$

となり，この関係を式(9)に用いると，

$$V_1 I_1 + V_2 I_2 + V_3 I_3 + V_4 I_4 = V^t I = W^t D I = 0$$

式(1)

よって，

$$V_1 I_1 + V_2 I_2 + V_3 I_3 + V_4 I_4 = 0 \tag{10}$$

が成り立ちます。この関係は，「回路のすべてのブランチの電力の総和は0になる」ということを意味しているので，**電力保存則**と呼ばれます。

式(10)は，ブランチの数が増えても一般的に成り立ちます。また，同じ既約接続行列 D をもつ2つの回路において，一方の回路の電流ベクトルと，他方の回路の電圧ベクトルとの組に対しても成り立ちます。また，同一の回路において，電圧と電流は周波数や時刻が異なるものであっても成り立ちます。このように，電力保存則を拡張したものを**テレヘンの定理**といいます。

テレヘンの定理

同一の回路の異なる駆動状態，または同一の接続関係をもつ2つの回路において，一方の電圧ベクトルと他方の電流ベクトルは互いに直交する（内積が0になる）。

21.6 相反定理

テレヘンの定理を用いると，線形回路網においてとても重要な役割を果たす定理を導くことができます。それが**相反定理**です。

相反定理

内部に電源を含まない線形回路網の端子1に電源 E_1 をつけ，端子2を短絡したときに，端子2に流れる電流を I_2 とし，逆に端子2に電源 E_2' をつけ，端子1を短絡したときに，端子1に流れる電流を I_1' とするとき，

$$\frac{E_1}{I_2} = \frac{E_2'}{I_1'}$$

が成り立つ．

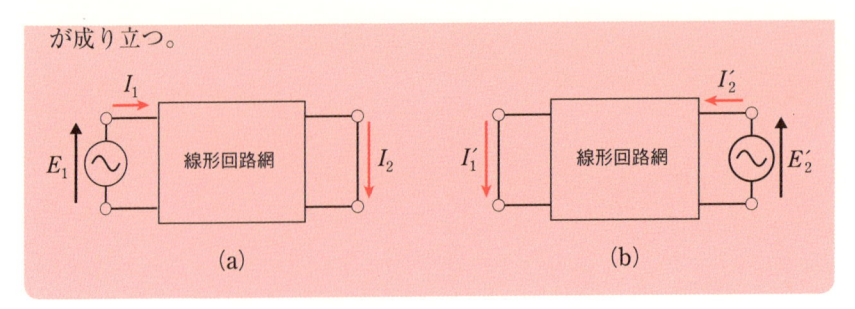

(a) (b)

ブランチ電流 I_i の向きの電圧降下を V_i のようにおくと，テレヘンの定理より，回路(a)の電圧ベクトルと回路(b)の電流ベクトルの内積が 0 になります．同様に，回路(b)の電圧ベクトルと回路(a)の電流ベクトルの内積も 0 になります．よって，次のように表すことができます．

$$V_1 I_1' + V_2 I_2' + \sum_{i=3}^{n} V_i I_i' = 0 \tag{11}$$

$$V_1' I_1 + V_2' I_2 + \sum_{i=3}^{n} V_i' I_i = 0 \tag{12}$$

各ブランチのインピーダンスを Z_i とおくと，

$$V_i I_i' = V_i' I_i = Z I_i I_i'$$

となるので，式(11)，(12)のシグマ部分が等しくなります．よって，

$$V_1 I_1' + V_2 I_2' = V_1' I_1 + V_2' I_2 \tag{13}$$

となり，回路(a)では $V_1 = -E_1$, $V_2 = 0$, 回路(b)では $V_1' = 0$, $V_2' = -E_2'$ より，式(13)に代入して整理すると，

$$\frac{E_1}{I_2} = \frac{E_2'}{I_1'}$$

となり，相反定理を導くことができました．相反定理が成り立つ条件は，「電源を含まない線形回路網」であることですので，抵抗，コイル，コンデンサだけから成り立つ回路であれば，常に成り立つことになります．

演習問題 21.1 図の回路において，ノード a_1 を基準としてノード a_3，a_4 の電位 W_3，W_4 をノード解析法によって求めよ。

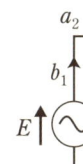

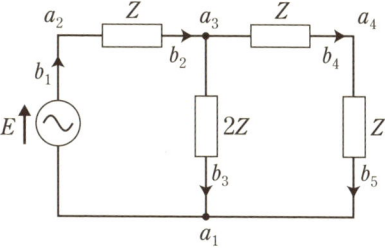

解答&解説 電圧源を電流源へ変換すると下図のようになります。

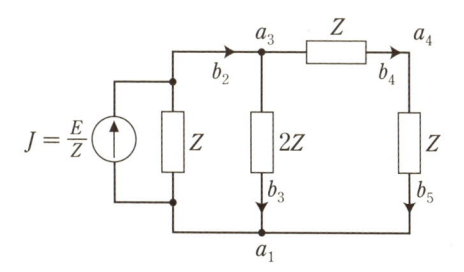

a_1 を基準とした既約接続行列 D は，

$$D = \begin{bmatrix} -1 & 1 & 1 & 0 \\ 0 & 0 & -1 & 1 \end{bmatrix} \begin{matrix} a_3 \\ a_4 \end{matrix}$$

（列は b_2, b_3, b_4, b_5）

ここで，$\dfrac{1}{2Z} = Y$ とおくと，ブランチアドミタンス行列 Y は，

$$Y = \begin{pmatrix} 2Y & & & 0 \\ & Y & & \\ & & 2Y & \\ 0 & & & 2Y \end{pmatrix}$$

となるので，ノードアドミタンス行列 Y_N は，以下のようになります。

講義 21 ● 線形回路のノード解析

$Y_N = DYD^t$

$$= \begin{pmatrix} -1 & 1 & 1 & 0 \\ 0 & 0 & -1 & 1 \end{pmatrix} \begin{pmatrix} 2Y & & & 0 \\ & Y & & \\ & & 2Y & \\ 0 & & & 2Y \end{pmatrix} \begin{pmatrix} -1 & 0 \\ 1 & 0 \\ 1 & -1 \\ 0 & 1 \end{pmatrix}$$

$$= \begin{pmatrix} 5Y & -2Y \\ -2Y & 4Y \end{pmatrix}$$

よって，ノード a_3 に電流源から電流 J が流れ込むことに注意すると，

$$J_D = \begin{pmatrix} J \\ 0 \end{pmatrix} \begin{matrix} a_3 \\ a_4 \end{matrix}$$

となるから，ノード方程式は，

$$\begin{pmatrix} 5Y & -2Y \\ -2Y & 4Y \end{pmatrix} \begin{pmatrix} W_3 \\ W_4 \end{pmatrix} = \begin{pmatrix} J \\ 0 \end{pmatrix}$$

これを解くと，

$$\begin{pmatrix} W_3 \\ W_4 \end{pmatrix} = \begin{pmatrix} 5Y & -2Y \\ -2Y & 4Y \end{pmatrix}^{-1} \begin{pmatrix} J \\ 0 \end{pmatrix} = \begin{pmatrix} \frac{1}{2}ZJ \\ \frac{1}{4}ZJ \end{pmatrix} = \begin{pmatrix} \frac{E}{2} \\ \frac{E}{4} \end{pmatrix} \quad \cdots\cdots \text{(答)}$$

演習問題 21.2 図の回路において，$\dfrac{E_1}{I_2}$ と $\dfrac{E_2}{I_1}$ をそれぞれ求めよ。

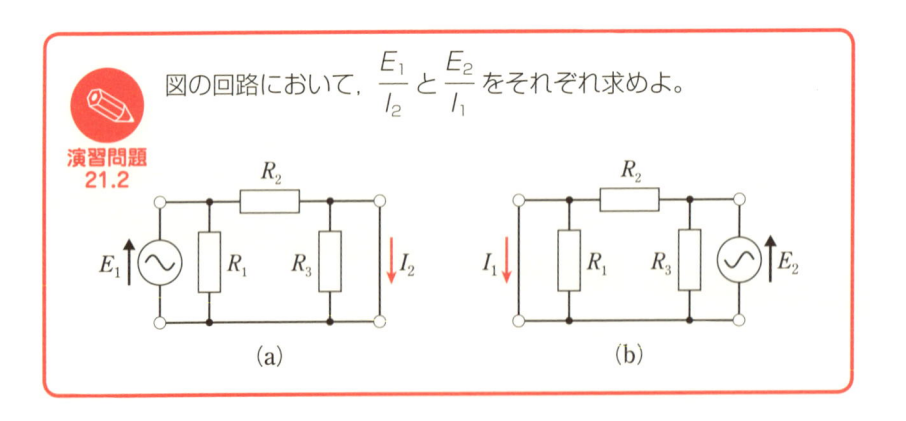

(a) (b)

解答&解説 回路(a)において，$E_1 = R_2 I_2$. また，回路(b)において，$E_2 = R_2 I_1$.

よって，

$$\frac{E_1}{I_2} = \frac{E_2}{I_1} = R_2 \quad \cdots\cdots \text{(答)}$$

💬コメント　相反定理を，実際に計算して確かめることができました。

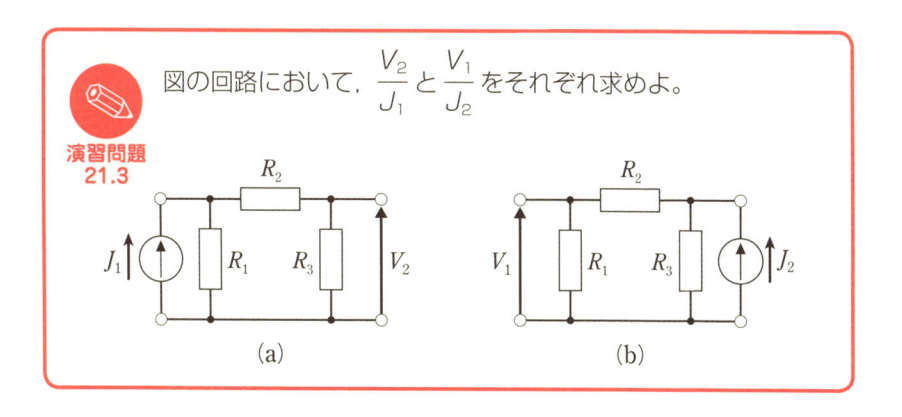

演習問題 21.3　図の回路において，$\dfrac{V_2}{J_1}$ と $\dfrac{V_1}{J_2}$ をそれぞれ求めよ。

(a)　(b)

解答&解説　回路(a)において，抵抗 R_3 に流れる電流 i_1 は，

$$i_1 = \frac{R_1}{R_1 + R_2 + R_3} J_1 \quad \left(J_1 \text{ を } R_1 : R_2 + R_3 \text{ に内分した } R_1 \text{ のほう}\right)$$

$$\therefore V_2 = R_3 i_1 = \frac{R_1 R_3}{R_1 + R_2 + R_3} J_1$$

となり，回路(b)において，抵抗 R_1 に流れる電流 i_2 は，

$$i_2 = \frac{R_3}{R_1 + R_2 + R_3} J_2 \quad \left(J_2 \text{ を } R_3 : R_1 + R_2 \text{ に内分した } R_3 \text{ のほう}\right)$$

$$\therefore V_1 = R_1 i_2 = \frac{R_1 R_3}{R_1 + R_2 + R_3} J_2$$

となります。よって，

$$\frac{V_2}{J_1} = \frac{V_1}{J_2} = \frac{R_1 R_3}{R_1 + R_2 + R_3} \quad \cdots\cdots \text{(答)}$$

💬コメント　相反定理は，電流源 J_1, J_2 とそれによって他のブランチに生じるブランチ電圧 V_2, V_1 の間にも成り立ちます。

講義 LECTURE 22 線形回路のループ解析

ここでは，グラフを利用して，ループ方程式を解析する方法を学びましょう。

22.1 基本ループ行列

ループ電流法で回路方程式を立てるとき，はじめに独立なループを選択しなくてはなりません。ところが，回路が複雑になると独立なループを選択するのが難しくなってきます。そこで，グラフを用いて，機械的に独立なループを選択し，回路方程式（ループ方程式）を立てる方法を考えます。

図 22.1 のグラフにおいて，独立なループを選ぶために，すべてのノードをつなぎ，かつループを含まないブランチの集合を考えます。このような集合を**木**といいます。図 22.1 の赤色の太線で示したブランチの集合 $\{b_1, b_4, b_5\}$ は，木の一例になっています。

次に，木に含まれないブランチの集合 $\{b_2, b_3\}$ を考えます。この集合を**補木**といいます。図 22.2 のように，木 $\{b_1, b_4, b_5\}$ に，補木の要素 b_2 を加えるとループ l_1 ができ，b_3 を加えるとループ l_2 ができます。このとき，ループの向きは，追加するブランチの向きと一致するようにします。このようにしてグラフを利用してループを作れば，**独立なループ**を機械的に選択することができます。

図 22.1 ●木を決める

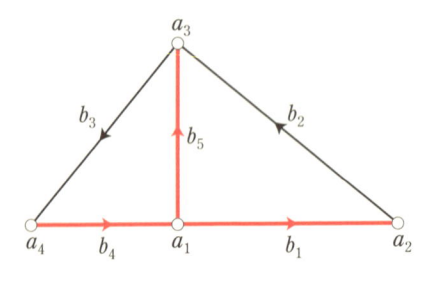

図 22.2 ●木に補木を加えて独立なループを作る

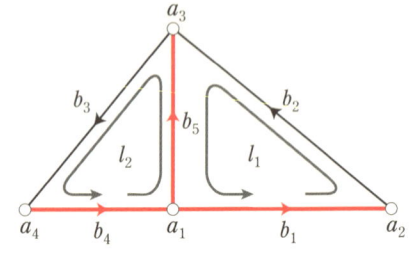

次に，独立なループを行列 B で表します．まず，ループ l_1 に着目してください．ループの向きとブランチの向きとが同じときは 1，逆向きのときは -1，ループに含まれていないブランチは 0 と決めると，B の 1 行目は，次のように表すことができます．

$$B = \begin{array}{c} b_1\ b_2\ b_3\ b_4\ b_5 \\ \left[\begin{array}{ccccc} 1 & 1 & 0 & 0 & -1 \end{array}\right] \end{array} \begin{array}{c} l_1 \\ l_2 \end{array}$$

b_3, b_4 はループ l_1 に含まれていないので 0，b_1, b_2 はループの向きと同じ向きなので 1，b_5 はループの向きと逆向きなので -1 になっています．同じようにしてループ l_2 についても成分を決めると次のようになります．

$$B = \begin{array}{c} b_1\ b_2\ b_3\ b_4\ b_5 \\ \left[\begin{array}{ccccc} 1 & 1 & 0 & 0 & -1 \\ 0 & 0 & 1 & 1 & 1 \end{array}\right] \end{array} \begin{array}{c} l_1 \\ l_2 \end{array}$$

このようにして定めた行列 B を**基本ループ行列**といいます．

22.2 キルヒホッフの第2則を基本ループ行列で表す

では，基本ループ行列を用いてキルヒホッフの第2則を立ててみましょう．図 22.1 のグラフに電源とインピーダンスを追加し，**図 22.3** のような回路を考えます．

ループの向きを正にとった i 番目のブランチの電圧降下を V_i とします．このとき，キルヒホッフの第2則より，ループに沿ったブランチ電圧の和は，ループに含まれる電圧源の和に等しいので，

図 22.3●電気回路とグラフ表現

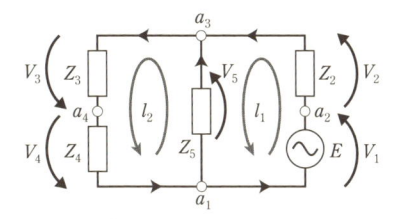

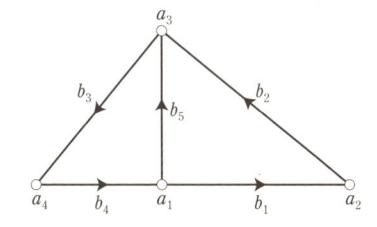

ループ l_1 : $V_1 + V_2 - V_5 = E$ (1)

ループ l_2 : $V_3 + V_4 + V_5 = 0$ (2)

ここで，ブランチ電圧をまとめたベクトル（**ブランチ電圧ベクトル**）を，

$$V = \begin{pmatrix} V_1 \\ V_2 \\ V_3 \\ V_4 \\ V_5 \end{pmatrix}$$

各ブランチの電圧源をまとめたベクトル（**電圧源ベクトル**）を

$$E = \begin{pmatrix} E \\ 0 \\ 0 \\ 0 \\ 0 \end{pmatrix}$$

とおくと，式(1)，(2)は，次のように書き直すことができます。

> ■ 基本ループ行列でキルヒホッフの第2則を表す
>
> 基本ループ行列を B，ブランチ電圧ベクトルを V，電圧源ベクトルを E とおいたときのキルヒホッフの第2則は，
>
> $$BV = E \quad (3)$$

22.3 ループ解析

ループ電流をおき，回路を解析するのが**ループ解析**です。インピーダンスや電流を用いて回路方程式を具体的に立ててみましょう。ループ l_1, l_2 の向きに流れるループ電流を $I_l = (I_1, I_2)$ とおき，各ブランチを流れるブランチ電流を $I = (i_1, i_2, i_3, i_4, i_5)$ とおきます。

基本ループ行列 B の転置行列

$$B^t = \begin{pmatrix} 1 & 0 \\ 1 & 0 \\ 0 & 1 \\ 0 & 1 \\ -1 & 1 \end{pmatrix}$$

を用いると，ブランチ電流 I とループ電流 I_l の間には，以下の関係が成り立ちます．

> **ブランチ電流とループ電流の関係**
> $$I = B^t I_l \tag{4}$$

実際に計算してみると，

$$(i_1, \ i_2, \ i_3, \ i_4, \ i_5) = \begin{pmatrix} 1 & 0 \\ 1 & 0 \\ 0 & 1 \\ 0 & 1 \\ -1 & 1 \end{pmatrix} (I_1, \ I_2)$$

$$= (I_1, \ I_1, \ I_2, \ I_2, \ -I_1 + I_2)$$

整理すると，

$$i_1 = i_2 = I_1, \ i_3 = i_4 = I_2, \ i_5 = -I_1 + I_2$$

となり，確かにブランチ電流とループ電流の間の関係を満たしています．

ブランチ電流とブランチ電圧の間には，以下の関係が成り立ちます．

$$\begin{cases} V_1 = 0 \\ V_2 = Z_2 i_2 \\ V_3 = Z_3 i_3 \\ V_4 = Z_4 i_4 \\ V_5 = Z_5 i_5 \end{cases}$$

これを行列で表すと，次のようになります．

$$V = ZI \tag{5}$$

ここで，Z は**ブランチインピーダンス行列**と呼ばれ，次のように対角成分に各ブランチのインピーダンスが並び，他の要素はすべて 0 になります。

$$Z = \begin{pmatrix} 0 & & & & \\ & Z_2 & & 0 & \\ & & Z_3 & & \\ & 0 & & Z_4 & \\ & & & & Z_5 \end{pmatrix}$$

式(3)に式(5)を代入すると，

$$BZI = E$$

となり，さらに式(4)を代入すると，

$$BZB^t I_l = E \tag{6}$$

となります。ここで，

$$Z_l = BZB^t \tag{7}$$

とおきます。Z_l は**ループインピーダンス行列**と呼ばれる行列です。これを用いると，式(6)は

$$Z_l I_l = E \tag{8}$$

となります。これを**ループ方程式**といいます。

ループ方程式

ループインピーダンス行列を $Z_l = BZB^t$ とすると，ループ電流法によるキルヒホッフの第 2 則は，

$$Z_l I_l = E$$

となる。これをループ方程式という。

よって，次の手順によって，回路を機械的に解くことができます。

ループ解析の手順

(Step1) 回路の接続の仕方を調べ，グラフに表して木と補木を決める。
(Step2) 基本ループ行列 B を作る。
(Step3) ループインピーダンス行列 $Z_l = BZB^t$ を計算する。
(Step4) ループ方程式 $Z_l I_l = E$ を解いて，ループ電流 I_l を求める。

演習問題 22.1 図で表されたグラフから，基本ループ行列を作れ。ただし，木を赤色の太線で表している。

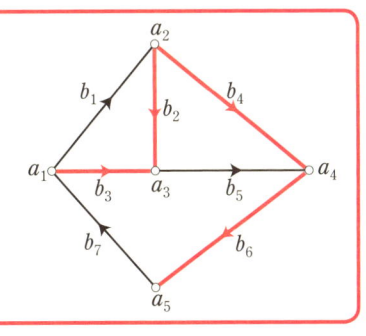

解答&解説 補木 (b_1, b_5, b_7) に対応するループを，それぞれ，l_1, l_2, l_3 とすると，基本ループ行列 B は，

$$B = \begin{bmatrix} b_1 & b_2 & b_3 & b_4 & b_5 & b_6 & b_7 \\ 1 & 1 & -1 & 0 & 0 & 0 & 0 \\ 0 & 1 & 0 & -1 & 1 & 0 & 0 \\ 0 & 0 & 1 & 0 & 1 & 1 & 1 \end{bmatrix} \begin{matrix} \\ l_1 \\ l_2 \\ l_3 \end{matrix} \quad \cdots\cdots (答)$$

演習問題 22.2 図の回路のループ電流 I_1, I_2 を，ループ方程式を立てて求めよ。

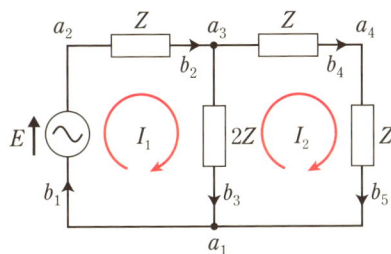

講義 22 ● 線形回路のループ解析

解答&解説 基本ループ行列 B は,

$$B = \begin{array}{c} \begin{array}{ccccc} b_1 & b_2 & b_3 & b_4 & b_5 \end{array} \\ \begin{bmatrix} 1 & 1 & 1 & 0 & 0 \\ 0 & 0 & -1 & 1 & 1 \end{bmatrix} \begin{array}{c} l_1 \\ l_2 \end{array} \end{array}$$

となり,ブランチインピーダンス行列 Z は,

$$Z = \begin{pmatrix} 0 & & & & \\ & Z & & & 0 \\ & & 2Z & & \\ & & & Z & \\ 0 & & & & Z \end{pmatrix}$$

となるので,ループインピーダンス行列 Z_l は,

$Z_l = BZB^t$

$$= \begin{pmatrix} 1 & 1 & 1 & 0 & 0 \\ 0 & 0 & -1 & 1 & 1 \end{pmatrix} \begin{pmatrix} 0 & & & & \\ & Z & & & 0 \\ & & 2Z & & \\ & & & Z & \\ 0 & & & & Z \end{pmatrix} \begin{pmatrix} 1 & 0 \\ 1 & 0 \\ 1 & -1 \\ 0 & 1 \\ 0 & 1 \end{pmatrix}$$

$$= \begin{pmatrix} 3Z & -2Z \\ -2Z & 4Z \end{pmatrix}$$

よって,ループ方程式は,

$$\begin{pmatrix} 3Z & -2Z \\ -2Z & 4Z \end{pmatrix} \begin{pmatrix} I_1 \\ I_2 \end{pmatrix} = \begin{pmatrix} E \\ 0 \end{pmatrix}$$

$$\therefore \begin{pmatrix} I_1 \\ I_2 \end{pmatrix} = \begin{pmatrix} 3Z & -2Z \\ -2Z & 4Z \end{pmatrix}^{-1} \begin{pmatrix} E \\ 0 \end{pmatrix} = \begin{pmatrix} \frac{E}{2Z} \\ \frac{E}{4Z} \end{pmatrix} \quad \cdots\cdots \text{(答)}$$

講義 23 2端子対回路

1対の接続端子を2対もつ「箱」を1つの単位として，電気回路を取り扱うと便利な場合があります。このとき，「箱」の中に入っている回路がある条件を満たせば，入力信号（電流，電圧）と出力信号（電流，電圧）の4つの量の間の関係を，行列を用いて表すことができます。

23.1 2端子対回路

図 23.1 のように，1対の接続端子を2対もつ「箱」を考えます。「箱」には，回路が入っています。このような回路を **2端子対回路** といいます。この回路が，次の3つの条件を満たす場合には，入力信号と出力信号の関係を行列で表すことができます。

- 内部に電源を含まない。
- 線形である（非線形抵抗やダイオード，トランジスタなどを含まない）。
- 入力端子対において，端子に流れ込む電流と流れ出る電流が等しい。出力端子についても同様である。

ここでは，「箱」の中の回路の詳細は考えず **ブラックボックス** として扱います。入力端子の電圧 V_1，電流 I_1，出力端子の電圧 V_2，電流 I_2 の向きを，図 23.1 のように定義します。

電圧は下から上の向き，電流は「箱」に入る向きを正と決めます。I_2 の向きは，後述するように逆向きにとる場合もありますが，とりあえず，「箱」に入る向きを正にしておきます。上記の条件を満たす回路では，相反定理が成り立ちます。つまり，端子1の電圧を V_1 とし，端子2を短絡したときの端子2を流れる電流 I_2 と，端子2の電圧を V_2 とし，端子1を短絡したときの端子1を流れる電流 I_1 との間に，

図 23.1 ● 2端子対回路

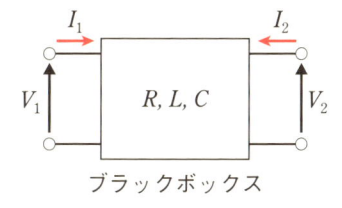

$$\frac{V_1}{I_2} = \frac{V_2}{I_1}$$

が成り立ちます。以下で，さまざまな行列を定義しますが，その際，相反定理が行列の成分間の条件としてどのように表されるのかに注意してください。

23.2 インピーダンス行列（Z 行列）

2端子対回路では，入力信号と出力信号の関係だけを取り出して扱います。前述の条件を満たしている場合，「箱」の中の回路を構成している素子はすべて線形なので，入力信号と出力信号の電圧 V_1, V_2 は，次のように電流 I_1, I_2 の線形結合で表すことができます。

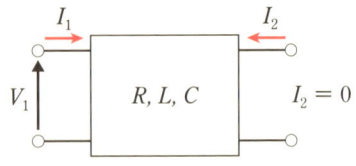

図 23.2 ●出力端子を開放

$$\begin{cases} V_1 = Z_{11}I_1 + Z_{12}I_2 & \quad (1) \\ V_2 = Z_{21}I_1 + Z_{22}I_2 & \quad (2) \end{cases}$$

ここで，線形回路では，Z_{ij} は電流値に依存しない定数です。式(1)，(2)を行列で表すと，次のようになります。

$$\begin{pmatrix} V_1 \\ V_2 \end{pmatrix} = \begin{pmatrix} Z_{11} & Z_{12} \\ Z_{21} & Z_{22} \end{pmatrix} \begin{pmatrix} I_1 \\ I_2 \end{pmatrix}$$

このようにして定まる行列

$$Z = \begin{pmatrix} Z_{11} & Z_{12} \\ Z_{21} & Z_{22} \end{pmatrix}$$

を**インピーダンス行列**（**Z 行列**）といい，行列の要素 Z_{11}, Z_{12}, Z_{21}, Z_{22} を **Z パラメータ**といいます。Z パラメータは，入力側と出力側のどちらか一方を開放することで求めることができます。

はじめに，**図 23.2** のように，出力側を開放してみましょう。出力側の電流 $I_2 = 0$ となるので，式(1)，(2)に $I_2 = 0$ を代入して，次式を得ます。

$$\begin{cases} V_1 = Z_{11}I_1 & \quad (3) \\ V_2 = Z_{21}I_1 & \quad (4) \end{cases}$$

よって

$$Z_{11} = \left(\frac{V_1}{I_1}\right)_{I_2=0} \quad 出力端子開放\ I_2=0\ のときの\textbf{駆動点インピーダンス}$$

$$Z_{21} = \left(\frac{V_2}{I_1}\right)_{I_2=0} \quad 出力端子開放\ I_2=0\ のときの\textbf{伝達インピーダンス}$$

となります．このようにして，要素のうちの2つを求めることができました．

次に，**図 23.3** のように，入力側を開放します．入力側の電流 $I_1=0$ となるので，式(1)，(2)に $I_1=0$ を代入して，次式を得ます．

$$\begin{cases} V_1 = Z_{12} I_2 & (5) \\ V_2 = Z_{22} I_2 & (6) \end{cases}$$

よって，

$$Z_{12} = \left(\frac{V_1}{I_2}\right)_{I_1=0} \quad 入力端子開放\ I_1=0\ のときの\textbf{伝達インピーダンス}$$

$$Z_{22} = \left(\frac{V_2}{I_2}\right)_{I_1=0} \quad 入力端子開放\ I_1=0\ のときの\textbf{駆動点インピーダンス}$$

となり，要素すべてを求めることができました．**駆動点インピーダンス**というのは，端子対に電圧をかけたときに，その端子から測定したインピーダンスのことです．また，**伝達インピーダンス**というのは，2端子対回路特有の値で，入力電流に対して，出力側の電圧がどれだけ大きくなるのかを表しています．

次に，相反定理より，Z パラメータにどのような条件が成り立つのか見てみましょう．入力側を開放($I_1=0$)し，出力側を短絡($V_2=0$)すると，

$$V_1 = Z_{12} I_2, \quad \therefore \frac{V_1}{I_2} = Z_{12}$$

逆に，出力側を開放($I_2=0$)し，入力側を短絡($V_1=0$)すると，

$$V_2 = Z_{21} I_1, \quad \therefore \frac{V_2}{I_1} = Z_{21}$$

となり，相反定理より，

$$\frac{V_1}{I_2} = \frac{V_2}{I_1}$$

が成り立つので，

$$Z_{12} = Z_{21} \quad (7)$$

が成り立ちます．式(7)が，相反定理が

図 23.3 ●入力端子を開放

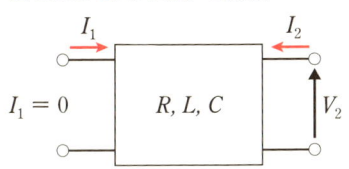

成り立つための必要十分条件です。

> **相反定理（Z 行列）**
>
> $Z_{12} = Z_{21}$

23.3 アドミタンス行列（Y 行列）

次に，Z 行列の逆行列を作り，$Z^{-1} = Y$ とおきます。

$$\begin{pmatrix} V_1 \\ V_2 \end{pmatrix} = Z \begin{pmatrix} I_1 \\ I_2 \end{pmatrix}$$

の両辺に左から $Y = Z^{-1}$ を掛けると，

$$Y \begin{pmatrix} V_1 \\ V_2 \end{pmatrix} = Z^{-1} Z \begin{pmatrix} I_1 \\ I_2 \end{pmatrix} = \begin{pmatrix} I_1 \\ I_2 \end{pmatrix}$$

となり，結局，

$$\begin{pmatrix} I_1 \\ I_2 \end{pmatrix} = Y \begin{pmatrix} V_1 \\ V_2 \end{pmatrix} \tag{8}$$

となります。Z の逆行列 Y を**アドミタンス行列**（**Y 行列**）といい，その要素 Y_{11}，Y_{12}，Y_{21}，Y_{22} を **Y パラメータ**といいます。Y 行列を要素を用いて表すと，次のようになります。

$$Y = \begin{pmatrix} Y_{11} & Y_{12} \\ Y_{21} & Y_{22} \end{pmatrix}$$

では，次に，Y 行列の各要素を求めてみましょう。式(8)より，

$$\begin{cases} I_1 = Y_{11} V_1 + Y_{12} V_2 \\ I_2 = Y_{21} V_1 + Y_{22} V_2 \end{cases} \tag{9}$$

はじめに，$V_2 = 0$ とします。これは，**図 23.4** のように，出力端子を導線で結ぶ（短絡）ことを意味します。

式(9)で $V_2 = 0$ とおくと，

$$\begin{cases} I_1 = Y_{11} V_1 \\ I_2 = Y_{21} V_1 \end{cases}$$

よって，次のようになります。

図 23.4 ●出力端子を短絡

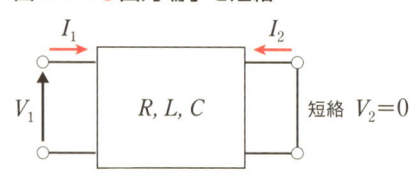

$$Y_{11} = \left(\frac{I_1}{V_1}\right)_{V_2=0} \text{ 出力端子短絡 } V_2=0 \text{ のときの}\textbf{駆動点アドミタンス}$$

$$Y_{21} = \left(\frac{I_2}{V_1}\right)_{V_2=0} \text{ 出力端子短絡 } V_2=0 \text{ のときの}\textbf{伝達アドミタンス}$$

次に，入力端子を短絡します。式(9)で $V_1=0$ とすると，

$$\begin{cases} I_1 = Y_{12} V_2 \\ I_2 = Y_{22} V_2 \end{cases}$$

よって，次のようになります。

$$Y_{12} = \left(\frac{I_1}{V_2}\right)_{V_1=0} \text{ 入力端子短絡 } V_1=0 \text{ のときの}\textbf{伝達アドミタンス}$$

$$Y_{22} = \left(\frac{I_2}{V_2}\right)_{V_1=0} \text{ 入力端子短絡 } V_1=0 \text{ のときの}\textbf{駆動点アドミタンス}$$

次に，相反定理により生じる条件を求めます。$\det \boldsymbol{Z} = Z_{11}Z_{22} - Z_{12}Z_{21}$ より，

$$\boldsymbol{Y} = \boldsymbol{Z}^{-1} = \frac{1}{\det \boldsymbol{Z}} \begin{pmatrix} Z_{22} & -Z_{12} \\ -Z_{21} & Z_{11} \end{pmatrix} = \begin{pmatrix} Y_{11} & Y_{12} \\ Y_{21} & Y_{22} \end{pmatrix}$$

となるので，$Z_{12} = Z_{21}$ より，以下のようになります。

相反定理（Y 行列）

$$Y_{12} = Y_{21}$$

23.4 対称性

図 23.5 のように，左右対称な 2 端子対回路では，出力端子を開放したときの入力端子側からの駆動点インピーダンスと，入力端子を開放したときの出力側からの駆動点インピーダンスが等しくなります。これが，2 端子対回路が**対称性**をもつための条件になります。

図 23.5 ● 対称性が成り立つ回路

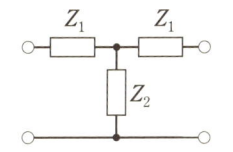

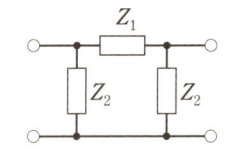

2端子対回路が対称性をもつ条件

$$\left(\frac{V_1}{I_1}\right)_{I_2=0} = \left(\frac{V_2}{I_2}\right)_{I_1=0} \Leftrightarrow Z_{11}=Z_{22} \Leftrightarrow Y_{11}=Y_{22}$$

2端子対回路が対称性をもつとき，相反定理と合わせて条件が2つになるためパラメータが2つ減り，結局，求めるパラメータの数は2つになります。

対称性

対称性が成り立つ2端子対回路では，以下が成り立つ。

$$Z_{11}=Z_{22},\ Y_{11}=Y_{22}$$

演習問題 23.1 図の2端子回路においてZ行列を求めよ。

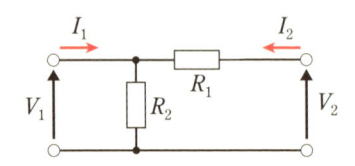

解答&解説 出力端子を開放すると，$I_2=0$より

$$V_1 = R_2 I_1 \quad \therefore Z_{11}=R_2$$

$$V_2 = R_2 I_1 \quad \therefore Z_{21}=R_2$$

入力端子を開放すると，$I_1=0$より

$$V_1 = R_2 I_2 \quad \therefore Z_{12}=R_2$$

$$V_2 = (R_1+R_2) I_2 \quad \therefore Z_{22}=R_1+R_2$$

よって，Z行列は，

$$Z = \begin{pmatrix} R_2 & R_2 \\ R_2 & R_1+R_2 \end{pmatrix} \quad \cdots\cdots\text{（答）}$$

> **演習問題 23.2** 図の2端子回路において Y 行列を求めよ。

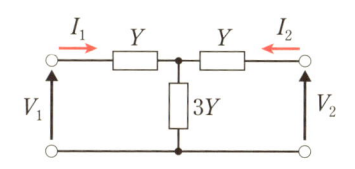

解答&解説 出力端子を短絡したときのアドミタンスを Y' とすると，

$$\frac{1}{Y'} = \frac{1}{Y} + \frac{1}{Y+3Y} = \frac{5}{4Y}$$

$V_2 = 0$ より

$$\therefore I_1 = Y'V_1 = \frac{4Y}{5}V_1 \quad \therefore Y_{11} = \frac{4Y}{5}$$

電流 I_1 はアドミタンスの比に分配されるから，Y と $3Y$ に 1 : 3 に分配されます。

$$I_2 = -\frac{I_1}{4} = -\frac{Y}{5}V_1 \quad \therefore Y_{21} = -\frac{Y}{5}$$

相反定理より，

$$Y_{12} = Y_{21} = -\frac{Y}{5}$$

対称性より，

$$Y_{22} = Y_{11} = \frac{4Y}{5}$$

よって，Y 行列は，

$$Y = \begin{pmatrix} \dfrac{4Y}{5} & -\dfrac{Y}{5} \\ -\dfrac{Y}{5} & \dfrac{4Y}{5} \end{pmatrix} \quad \cdots\cdots \text{（答）}$$

演習問題 23.3 図の回路の Z 行列を求めよ。また、$\det \boldsymbol{Z}$ を計算せよ。

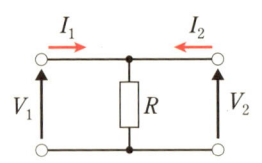

解答&解説 出力端子を開放すると、$I_2 = 0$ より

$$V_1 = RI_1 \quad \therefore Z_{11} = R$$

$$V_2 = RI_1 \quad \therefore Z_{21} = R$$

入力端子を開放すると、$I_1 = 0$ より

$$V_1 = RI_2 \quad \therefore Z_{12} = R$$

$$V_2 = RI_2 \quad \therefore Z_{22} = R$$

よって、Z 行列は、

$$\boldsymbol{Z} = \begin{pmatrix} R & R \\ R & R \end{pmatrix} \quad \cdots\cdots \text{(答)}$$

このとき、

$$\det \boldsymbol{Z} = Z_{11}Z_{22} - Z_{12}Z_{21} = R^2 - R^2 = 0 \quad \cdots\cdots \text{(答)}$$

コメント Y 行列が存在しない回路もあります。この問題の回路は、その典型的な例になっています。

講義 LECTURE 24 ハイブリッド行列と縦続行列

2端子対回路の V_1, V_2, I_1, I_2 という4つの変数から2つを選ぶ方法は, $_4C_2 = 6$ 通りあります。そのため, Z 行列, Y 行列の他に4つの行列を定義することができます。各行列はどのように定義されるのでしょうか。また, それぞれ, どのようなメリットがあるのでしょうか。

24.1 2端子対回路の接続方法

2つ以上の2端子対回路を接続する方法には, **図 24.1** のように, 直列接続, 並列接続, 直並列接続, 並直列接続, 縦続接続があります。

2端子対回路を接続したとき, 入力信号と出力信号の関係を行列の演算を用いて簡単に計算することができます。詳しい計算方法は講義25で扱いますが, 接続方法によって計算が簡単になる行列が変わってきます。ここでは, 残りの4つの行列を定義し, 講義25で扱う2端子対回路の接続の準備をします。

24.2 ハイブリッド行列（H 行列）

まず, 講義23と同じように, 入力信号と出力信号の向きを**図 24.2** のように決めます。入力信号と出力信号を混ぜ合わせて, (V_1, I_2) と (I_1, V_2) のように組み合わせ, 次のような行列 H を定義します。

$$\begin{pmatrix} V_1 \\ I_2 \end{pmatrix} = H \begin{pmatrix} I_1 \\ V_2 \end{pmatrix} \tag{1}$$

このように, 入力信号と出力信号を混ぜ合わせて作ったベクトルの間の関係を表す行列 H を**ハイブリッド行列**（H 行列）といいます。H 行列は, 講義25で述べるように直並列接続の入力と出力の関係を計算するときに便利な行列です。また,

図 24.1 ● 2 端子対回路の接続方法

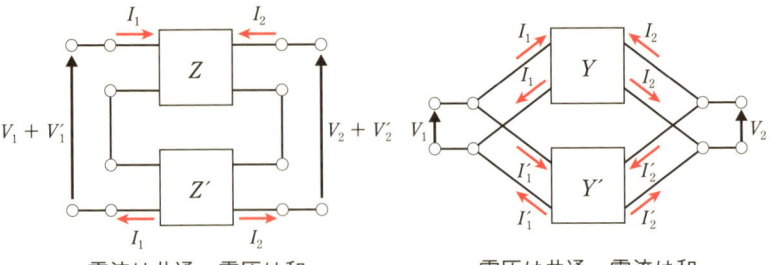

電流は共通・電圧は和
直列接続 → Z 行列

電圧は共通・電流は和
並列接続 → Y 行列

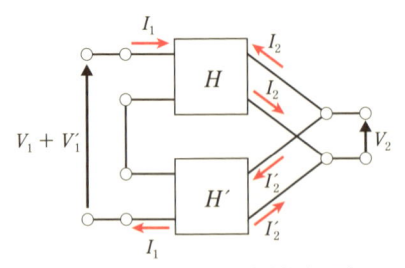

入力側が直列・出力側が並列
直並列接続 → H 行列

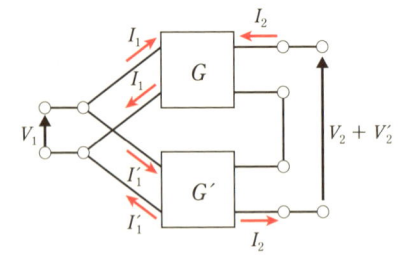

入力側が並列・出力側が直列
並直列接続 → G 行列

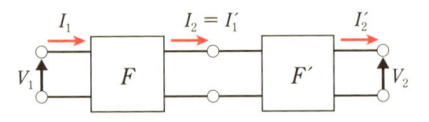

出力端子と入力端子を接続
縦続接続 → F 行列

図 24.2 ● 2 端子対回路

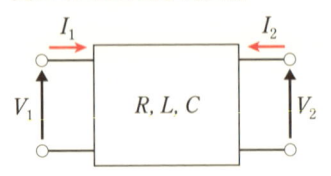

$$H = \begin{pmatrix} H_{11} & H_{12} \\ H_{21} & H_{22} \end{pmatrix}$$

の各要素 H_{11}, H_{12}, H_{21}, H_{22} を **H パラメータ**といいます

H パラメータは，Z パラメータや Y パラメータの各要素を求めたときと同じ方法で決めることができます．まず，式(1)を展開します．

$$\begin{cases} V_1 = H_{11}I_1 + H_{12}V_2 \\ I_2 = H_{21}I_1 + H_{22}V_2 \end{cases} \tag{2}$$

次に，式(1)のベクトル $\begin{pmatrix} I_1 \\ V_2 \end{pmatrix}$ に着目して，それぞれを 0 とおいたときの式を作ります．$V_2=0$ のとき，つまり出力端子を短絡したとき，

$$V_1 = H_{11}I_1, \quad I_2 = H_{21}I_1$$

よって，

$H_{11} = \left(\dfrac{V_1}{I_1}\right)_{V_2=0}$　出力端子短絡 $V_2=0$ のときの**駆動点インピーダンス**

$H_{21} = \left(\dfrac{I_2}{I_1}\right)_{V_2=0}$　出力端子短絡 $V_2=0$ のときの**電流伝達比**

また，$I_1=0$ のとき，つまり入力端子を開放したとき，

$$V_1 = H_{12}V_2, \quad I_2 = H_{22}V_2$$

よって，

$H_{12} = \left(\dfrac{V_1}{V_2}\right)_{I_1=0}$　入力端子開放 $I_1=0$ のときの**電圧伝達比**

$H_{22} = \left(\dfrac{I_2}{V_2}\right)_{I_1=0}$　入力端子開放 $I_1=0$ のときの**出力アドミタンス**

このようにして，H パラメータを求めることができました．次に，相反定理が，H 行列の要素でどのように表されるのかを調べてみましょう．

入力側に電流源 J_1 を接続し，出力側を開放すると，$I_1=J_1$, $I_2=0$ となるから，式(2)に代入すると，

$$\begin{cases} V_1 = H_{11}J_1 + H_{12}V_2 \\ 0 = H_{21}J_1 + H_{22}V_2 \end{cases}$$

$$\therefore \frac{V_2}{J_1} = -\frac{H_{21}}{H_{22}}$$

次に，出力側に電流源 J_2 を接続し，入力側を開放すると，$I_1=0$, $I_2=J_2$ と

なるから，式(2)に代入すると，

$$\begin{cases} V_1 = H_{12} V_2 \\ J_2 = H_{22} V_2 \end{cases}$$

$$\therefore \frac{V_1}{J_2} = \frac{H_{12}}{H_{22}}$$

相反定理より，

$$\frac{V_1}{J_2} = \frac{V_2}{J_1}$$

となるから，

$$\frac{H_{12}}{H_{22}} = -\frac{H_{21}}{H_{22}}$$

よって，次の関係が成り立ちます．

$$H_{12} = -H_{21}$$

相反定理（H 行列）

$$H_{12} = -H_{21}$$

次に，2端子対回路が対称性をもつ条件を調べてみましょう．対称性をもつ条件は，「出力端子開放のときに入力側から測定した駆動点インピーダンス」と「入力端子開放のときに出力側から測定した駆動点インピーダンス」が等しくなることです．

出力側を開放（$I_2=0$）し，入力側に電流源 J_1 を接続すると，式(2)より，

$$\begin{cases} V_1 = H_{11} J_1 + H_{12} V_2 \\ 0 = H_{21} J_1 + H_{22} V_2 \end{cases}$$

2式より，V_2 を消去して，入力側から測定した駆動点インピーダンスを求めると，

$$\left(\frac{V_1}{J_1} \right)_{I_2=0} = \frac{H_{11} H_{22} - H_{12} H_{21}}{H_{22}} \tag{3}$$

次に，入力側を開放（$I_1=0$）し，出力側に電圧源 E_2 を接続すると，式(2)より，

$$\begin{cases} V_1 = H_{12} E_2 \\ I_2 = H_{22} E_2 \end{cases}$$

よって，出力側から測定した駆動点インピーダンスを求めると，

$$\left(\frac{E_2}{I_2} \right)_{I_1 = 0} = \frac{1}{H_{22}} \tag{4}$$

式(3)，(4)より，

$$\frac{H_{11} H_{22} - H_{12} H_{21}}{H_{22}} = \frac{1}{H_{22}}$$

$$\therefore H_{11} H_{22} - H_{12} H_{21} = 1$$

対称性をもつ条件（H行列）

$$\det \boldsymbol{H} = H_{11} H_{22} - H_{12} H_{21} = 1$$

次に，H行列の逆行列を作り，$\boldsymbol{H}^{-1} = \boldsymbol{G}$とおきます。式(1)の両辺に左から$\boldsymbol{G} = \boldsymbol{H}^{-1}$を掛けると，

$$\boldsymbol{G} \begin{pmatrix} V_1 \\ I_2 \end{pmatrix} = \boldsymbol{H}^{-1} \boldsymbol{H} \begin{pmatrix} I_1 \\ V_2 \end{pmatrix} = \begin{pmatrix} I_1 \\ V_2 \end{pmatrix}$$

となり，結局，

$$\begin{pmatrix} I_1 \\ V_2 \end{pmatrix} = \boldsymbol{G} \begin{pmatrix} V_1 \\ I_2 \end{pmatrix} \tag{5}$$

となります。この$\boldsymbol{H}$の逆行列$\boldsymbol{G}$を**G行列**といいます。G行列は，H行列の入力と出力を交換したものになっているので，並直列接続のときに用います。G行列を要素で表すと次のようになります。

$$\boldsymbol{G} = \begin{pmatrix} G_{11} & G_{12} \\ G_{21} & G_{22} \end{pmatrix}$$

G行列の各要素を**Gパラメータ**といいます。Gパラメータも，これまでと同じ方法で求めることができます。式(5)を展開すると，

$$\begin{cases} I_1 = G_{11}V_1 + G_{12}I_2 \\ V_2 = G_{21}V_1 + G_{22}I_2 \end{cases} \quad (6)$$

$I_2 = 0$ のとき，つまり出力端子を開放したとき，式(6)より，

$$I_1 = G_{11}V_1, \quad V_2 = G_{21}V_1$$

$$\therefore G_{11} = \left(\frac{I_1}{V_1}\right)_{I_2=0}, \quad G_{21} = \left(\frac{V_2}{V_1}\right)_{I_2=0}$$

次に，$V_1 = 0$ のとき，つまり入力端子を短絡したとき，式(6)より，

$$I_1 = G_{12}I_2, \quad V_2 = G_{22}I_2$$

$$\therefore G_{12} = \left(\frac{I_1}{I_2}\right)_{V_1=0}, \quad G_{22} = \left(\frac{V_2}{I_2}\right)_{V_1=0}$$

このようにして，Gパラメータの各要素を求めることができます。

次に，相反定理が，Gパラメータの各要素でどのように表されるのかを求めます。

$$G = H^{-1} = \frac{1}{\det H}\begin{pmatrix} H_{22} & -H_{12} \\ -H_{21} & H_{11} \end{pmatrix} = \begin{pmatrix} G_{11} & G_{12} \\ G_{21} & G_{22} \end{pmatrix}$$

より，相反条件は，

$$H_{12} = -H_{21} \Leftrightarrow G_{12} = -G_{21}$$

となります。

相反定理（G行列）

$$G_{12} = -G_{21}$$

最後に，対称性をもつ条件を求めておきましょう。

$$\det H = H_{11}H_{22} - H_{12}H_{21} = \frac{1}{(\det G)^2}(G_{11}G_{22} - G_{12}G_{21}) = \frac{1}{\det G} = 1$$

$$\therefore \det G = 1$$

対称性をもつ条件（G行列）

$$\det G = G_{11}G_{22} - G_{12}G_{21} = 1$$

24.3 縦続行列（F 行列）

　縦続接続の場合に用いる行列を定義します。縦続接続では，最初の2端子対回路の出力端子に次の2端子対回路の入力端子を接続するので，出力値と入力値が等しくなるように図 24.3 のように，出力側の電流の向きをこれまでと逆向きに決めます。

　次に，入力信号と出力信号の関係を表す行列 F を定義します。

$$\begin{pmatrix} V_1 \\ I_1 \end{pmatrix} = F \begin{pmatrix} V_2 \\ I_2 \end{pmatrix} \tag{7}$$

このように，定めた行列 F を**縦続行列**（**F 行列**）といいます。行列 F の要素を

$$F = \begin{pmatrix} A & B \\ C & D \end{pmatrix}$$

とおきます。行列 F の各要素 A，B，C，D を **F パラメータ**と呼びます。F パラメータをこれまでと同じ方法で求めてみましょう。

　出力側の電流の向きが逆向きになっていることに注意してください。式 (7) の $\begin{pmatrix} V_2 \\ I_2 \end{pmatrix}$ に着目して，それぞれを 0 とおいたときの式を作ります。

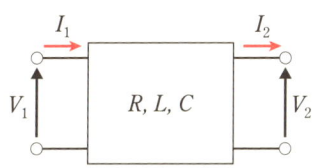

　$I_2 = 0$ のとき，つまり出力端子を開放したとき，

$$V_1 = AV_2, \quad I_1 = CV_2$$

よって，

$$A = \left(\frac{V_1}{V_2} \right)_{I_2=0}, \quad C = \left(\frac{I_1}{V_2} \right)_{I_2=0}$$

ここで，C は出力端子を開放したときの**伝達アドミタンス**になっています。

図 24.3 ● 縦続行列

また，$V_2=0$ のとき，つまり出力端子を短絡したとき，

$$V_1 = BI_2, \quad I_1 = DI_2$$

よって，

$$B = \left(\frac{V_1}{I_2}\right)_{V_2=0}, \quad D = \left(\frac{I_1}{I_2}\right)_{V_2=0}$$

ここで，B は出力端子を短絡したときの**伝達インピーダンス**になっています。このようにして，F パラメータの各要素を求めることができました。

次に，相反定理が F パラメータを用いてどのように表されるのかを調べてみましょう。式(7)を展開すると，

$$\begin{cases} V_1 = AV_2 + BI_2 \\ I_1 = CV_2 + DI_2 \end{cases} \quad (8)$$

入力側に電流源 J_1 を接続し，出力側を開放したとき，$I_1=J_1$, $I_2=0$ を式(8)に代入して，

$$\begin{cases} V_1 = AV_2 \\ J_1 = CV_2 \end{cases} \quad (9)$$

$$\therefore \frac{V_2}{J_1} = \frac{1}{C}$$

次に，出力側に電流源 J_2 を接続し，入力側を開放したとき，$I_2=J_2$, $I_1=0$ を式(8)に代入して，

$$\begin{cases} V_1 = AV_2 + BJ_2 \\ 0 = CV_2 + DJ_2 \end{cases} \quad (10)$$

$$\therefore \frac{V_1}{J_2} = A\frac{V_2}{J_2} + B = -\frac{AD}{C} + B$$

相反定理

$$\frac{V_2}{J_1} = \frac{V_1}{(-J_2)}$$ ← J_2 の向きがこれまでと逆向き

に代入すると，

$$\frac{1}{C} = \frac{AD}{C} - B \Leftrightarrow AD - BC = 1$$

となり，以下のようになります．

$$\det \boldsymbol{F} = AD - BC = 1$$

> **相反定理（F行列）**
>
> $$\det \boldsymbol{F} = AD - BC = 1$$

次に，Z行列とF行列の関係を見てみましょう．出力端子の電流の向きがF行列では逆向きになっていることに注意すると，

$$\begin{pmatrix} V_1 \\ V_2 \end{pmatrix} = \begin{pmatrix} Z_{11} & Z_{12} \\ Z_{21} & Z_{22} \end{pmatrix} \begin{pmatrix} I_1 \\ -I_2 \end{pmatrix}$$

$$\therefore \begin{cases} V_1 = Z_{11} I_1 - Z_{12} I_2 & \quad (11) \\ V_2 = Z_{21} I_1 - Z_{22} I_2 & \quad (12) \end{cases}$$

式(12)より，

$$I_1 = \frac{1}{Z_{21}} V_2 + \frac{Z_{22}}{Z_{21}} I_2$$

これを，式(11)に代入して整理すると，

$$V_1 = \frac{Z_{11}}{Z_{21}} V_2 + \frac{Z_{11} Z_{22} - Z_{12} Z_{21}}{Z_{21}} I_2$$

よって，

$$A = \frac{Z_{11}}{Z_{21}}, \quad B = \frac{Z_{11} Z_{22} - Z_{12} Z_{21}}{Z_{21}}, \quad C = \frac{1}{Z_{21}}, \quad D = \frac{Z_{22}}{Z_{21}}$$

という関係になります．ここから，2端子対回路が対称性をもつ条件をFパラメータを用いて表してみましょう．対称性をもつ条件は，$Z_{11} = Z_{22}$となるので，

$$A - D = \frac{Z_{11} - Z_{22}}{Z_{21}} = 0$$

$$\therefore A = D$$

対称性をもつ条件（F 行列）

$$A = D$$

次に，F 行列の逆行列 $F^{-1} = K$ を作り，式(7)の両辺に左から掛けると，

$$F^{-1}\begin{pmatrix} V_1 \\ I_1 \end{pmatrix} = F^{-1}F\begin{pmatrix} V_2 \\ I_2 \end{pmatrix} = \begin{pmatrix} V_2 \\ I_2 \end{pmatrix}$$

となり，結局，

$$\begin{pmatrix} V_2 \\ I_2 \end{pmatrix} = K\begin{pmatrix} V_1 \\ I_1 \end{pmatrix}$$

となります。このようにして定める行列を **K 行列**といいます。

$$K = \begin{pmatrix} K_{11} & K_{12} \\ K_{21} & K_{22} \end{pmatrix}$$

とおいたとき，その要素 K_{11}, K_{12}, K_{21}, K_{22} を **K パラメータ**といいます。ただし，端子 2 を入力側，端子 1 を出力側にする場合，信号を入力する向きを反対向きにするので，**図 24.4** のように $I_1 \to -I_1$, $I_2 \to -I_2$ と置き換えます。このとき，$\det F = 1$ より，

$$F^{-1} = \begin{pmatrix} D & -B \\ -C & A \end{pmatrix}$$

となるので，

$$\begin{pmatrix} V_2 \\ -I_2 \end{pmatrix} = F^{-1}\begin{pmatrix} V_1 \\ -I_1 \end{pmatrix} = \begin{pmatrix} D & -B \\ -C & A \end{pmatrix}\begin{pmatrix} V_1 \\ -I_1 \end{pmatrix}$$

図 24.4 ● K 行列

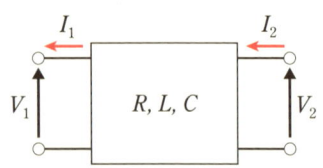

となり，整理すると，次の関係が得られます。

$$\begin{pmatrix} V_2 \\ I_2 \end{pmatrix} = \begin{pmatrix} D & B \\ C & A \end{pmatrix} \begin{pmatrix} V_1 \\ I_1 \end{pmatrix}$$

結局，相反定理が成り立つ回路では入力端子と出力端子を入れ換えると，FパラメータのAとDが入れ換わるだけになります。さらに，対称性があるときは，$A=D$が成り立ちますので，

$$F = K$$

となり，どちらから信号を入力しても，入力と出力の関係を表す行列が等しくなります。

24.4 2端子対パラメータのまとめ

これまで出てきた2端子対パラメータを表にまとめると，以下のようになります。

パラメータ	相反定理	対称性	適した接続
Z	$Z_{12} = Z_{21}$	$Z_{11} = Z_{22}$	直列
Y	$Y_{12} = Y_{21}$	$Y_{11} = Y_{22}$	並列
H	$H_{12} = -H_{21}$	$\det \boldsymbol{H} = 1$	直並列
G	$G_{12} = -G_{21}$	$\det \boldsymbol{G} = 1$	並直列
F	$\det \boldsymbol{F} = 1$	$A = D$	縦続
K	$\det \boldsymbol{K} = 1$	$K_{11} = K_{22}$	縦続（逆向き）

> **演習問題 24.1** 図の回路の H 行列を求めよ。

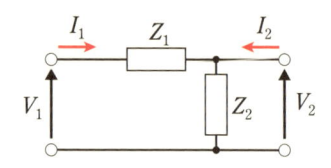

解答&解説 H 行列の基礎方程式は，

$$\begin{pmatrix} V_1 \\ I_2 \end{pmatrix} = \begin{pmatrix} H_{11} & H_{12} \\ H_{21} & H_{22} \end{pmatrix} \begin{pmatrix} I_1 \\ V_2 \end{pmatrix} = \begin{pmatrix} H_{11}I_1 + H_{12}V_2 \\ H_{21}I_1 + H_{22}V_2 \end{pmatrix}$$

$V_2 = 0$ のとき，つまり出力側を短絡したとき，

$$V_1 = Z_1 I_1 \quad \therefore H_{11} = \left(\frac{V_1}{I_1}\right)_{V_2=0} = Z_1$$

$$I_2 = -I_1 \quad \therefore H_{21} = \left(\frac{I_2}{I_1}\right)_{V_2=0} = -1$$

$I_1 = 0$ のとき，つまり入力側を開放したとき，

$$V_1 = V_2 \quad \therefore H_{12} = \left(\frac{V_1}{V_2}\right)_{I_1=0} = 1$$

$$I_2 = \frac{1}{Z_2} V_2 \quad \therefore H_{22} = \left(\frac{I_2}{V_2}\right)_{I_1=0} = \frac{1}{Z_2}$$

よって，

$$H = \begin{pmatrix} Z_1 & 1 \\ -1 & \dfrac{1}{Z_2} \end{pmatrix} \quad \cdots\cdots \text{(答)}$$

コメント $H_{12} = 1$，$H_{21} = -1$ より，相反定理 $H_{12} = -H_{21}$ を満たしていることが分かります。

演習問題 24.2 図の回路の F 行列を求めよ。

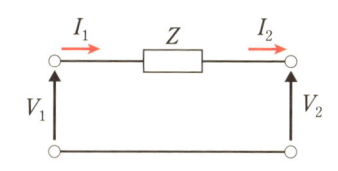

解答&解説 F 行列の基礎方程式は，

$$\begin{pmatrix} V_1 \\ I_1 \end{pmatrix} = \begin{pmatrix} A & B \\ C & D \end{pmatrix} \begin{pmatrix} V_2 \\ I_2 \end{pmatrix} = \begin{pmatrix} AV_2 + BI_2 \\ CV_2 + DI_2 \end{pmatrix}$$

$V_2 = 0$ のとき，つまり出力側を短絡したとき，

$$I_1 = I_2 \quad \therefore D = \left(\frac{I_1}{I_2} \right)_{V_2 = 0} = 1$$

$$V_1 = ZI_1 = ZI_2 \quad \therefore B = \left(\frac{V_1}{I_2} \right)_{V_2 = 0} = Z$$

$I_2 = 0$ のとき，つまり出力側を開放したとき，$I_1 = 0$ となるから，

$$V_1 = V_2 \quad \therefore A = \left(\frac{V_1}{V_2} \right)_{I_2 = 0} = 1$$

$$I_1 = CV_2 \quad \therefore C = \left(\frac{I_1}{V_2} \right)_{I_2 = 0} = 0$$

よって，

$$F = \begin{pmatrix} 1 & Z \\ 0 & 1 \end{pmatrix} \quad \cdots\cdots \text{(答)}$$

コメント $AD - BC = 1 \cdot 1 - Z \cdot 0 = 1$ より，相反定理を満たしています。また，$A = D = 1$ より，対称性があることが分かります。

演習問題 24.3 図の回路の F 行列を求めよ。

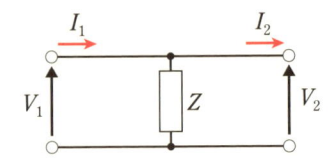

解答&解説 F 行列の基礎方程式は，

$$\begin{pmatrix} V_1 \\ I_1 \end{pmatrix} = \begin{pmatrix} A & B \\ C & D \end{pmatrix} \begin{pmatrix} V_2 \\ I_2 \end{pmatrix} = \begin{pmatrix} AV_2 + BI_2 \\ CV_2 + DI_2 \end{pmatrix}$$

$V_2 = 0$ のとき，つまり出力側を短絡したとき，$V_1 = 0$ になるから，

$$I_1 = I_2 \quad \therefore D = \left(\frac{I_1}{I_2}\right)_{V_2=0} = 1$$

$$V_1 = BI_2 \quad \therefore B = \left(\frac{V_1}{I_2}\right)_{V_2=0} = 0$$

$I_2 = 0$ のとき，つまり出力側を開放したとき，

$$V_1 = V_2 \quad \therefore A = \left(\frac{V_1}{V_2}\right)_{I_2=0} = 1$$

$$I_1 = \frac{1}{Z} V_2 \quad \therefore C = \left(\frac{I_1}{V_2}\right)_{I_2=0} = \frac{1}{Z}$$

よって，

$$F = \begin{pmatrix} 1 & 0 \\ \frac{1}{Z} & 1 \end{pmatrix} \quad \cdots\cdots (答)$$

コメント $AD - BC = 1 \cdot 1 - 0 \cdot Z = 1$ より，相反定理を満たしています。また，$A = D = 1$ より，対称性があることが分かります。

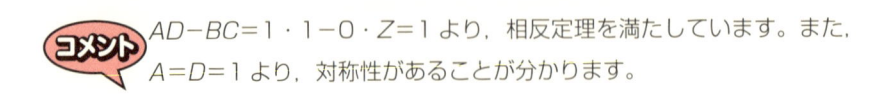

講義 25　2端子対回路の接続

これまでに6つの行列を定義し、「接続方法によって計算が楽になる行列が異なる」と述べました。ここでは、実際に計算しながら確かめてみましょう。

25.1　計算が楽になるってどういうこと？

まずは、計算が楽になるというのはどういうことなのか。一般的な例を使って説明します。式(1), (2)を見てください。

$$\begin{pmatrix} x_1 \\ y_1 \end{pmatrix} = \begin{pmatrix} a & b \\ c & d \end{pmatrix} \begin{pmatrix} x_2 \\ y_2 \end{pmatrix} \tag{1}$$

$$\begin{pmatrix} x_1' \\ y_1' \end{pmatrix} = \begin{pmatrix} e & f \\ g & h \end{pmatrix} \begin{pmatrix} x_2' \\ y_2' \end{pmatrix} \tag{2}$$

ここで、もし、

$$\begin{cases} X_1 = x_1 + x_1' \\ Y_1 = y_1 + y_1' \end{cases}$$

$$\begin{cases} X_2 = x_2 = x_2' \\ Y_2 = y_2 = y_2' \end{cases}$$

という関係が成り立っていれば、式(1), (2)を次のように、辺々加え合わせることができます。つまり、

$$\begin{pmatrix} x_1 \\ y_1 \end{pmatrix} = \begin{pmatrix} a & b \\ c & d \end{pmatrix} \begin{pmatrix} X_2 \\ Y_2 \end{pmatrix} \tag{3}$$

$$\begin{pmatrix} x_1' \\ y_1' \end{pmatrix} = \begin{pmatrix} e & f \\ g & h \end{pmatrix} \begin{pmatrix} X_2 \\ Y_2 \end{pmatrix} \tag{4}$$

式(3) + 式(4)を作ると、

$$\begin{pmatrix} X_1 \\ Y_1 \end{pmatrix} = \begin{pmatrix} x_1 + x_1' \\ y_1 + y_1' \end{pmatrix} = \begin{pmatrix} a+e & b+f \\ c+g & d+h \end{pmatrix} \begin{pmatrix} X_2 \\ Y_2 \end{pmatrix}$$

つまり，「和になっている変数が左辺，等しくなっている変数が右辺」となっていれば，簡単に計算できるということなのです。このことが分かっていれば，Z行列，Y行列，H行列の定義と接続方法の関係を理解することができます。F行列については扱いが異なるのですが，後で説明します。

25.2 2端子対回路の直列接続

図 25.1 のように，2 端子対回路 N_1 と N_2 を**直列接続**した場合を考えてみましょう。このとき，

和になっているもの→左辺へ

　　入力端子の電圧：$V_1 = V_1' + V_1''$
　　出力端子の電圧：$V_2 = V_2' + V_2''$

等しくなっているもの→右辺へ

　　入力端子の電流：$I_1 = I_1' = I_1''$
　　出力端子の電流：$I_2 = I_2' = I_2''$

ですので，「和になっているものを左辺」におき，「等しくなっているものに左から行列を掛ける」ようにすると，Z 行列を用いて次のように表すことができます。

図 25.1 ●直列接続

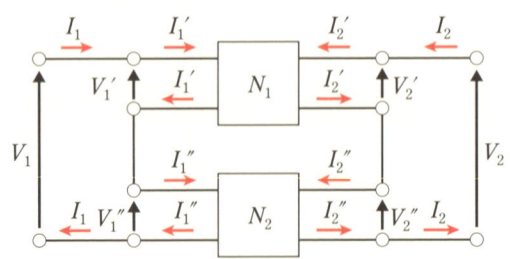

電流が共通・電圧は和

$$\begin{pmatrix} V_1' \\ V_2' \end{pmatrix} = \begin{pmatrix} Z_{11}' & Z_{12}' \\ Z_{21}' & Z_{22}' \end{pmatrix} \begin{pmatrix} I_1' \\ I_2' \end{pmatrix} \tag{5}$$

$$\begin{pmatrix} V_1'' \\ V_2'' \end{pmatrix} = \begin{pmatrix} Z_{11}'' & Z_{12}'' \\ Z_{21}'' & Z_{22}'' \end{pmatrix} \begin{pmatrix} I_1'' \\ I_2'' \end{pmatrix} \tag{6}$$

よって，式(5)，(6)の和を作ると，

$$\begin{pmatrix} V_1 \\ V_2 \end{pmatrix} = \begin{pmatrix} Z_{11}' + Z_{11}'' & Z_{12}' + Z_{12}'' \\ Z_{21}' + Z_{21}'' & Z_{22}' + Z_{22}'' \end{pmatrix} \begin{pmatrix} I_1 \\ I_2 \end{pmatrix}$$

となり，2端子対回路を直列接続したときには，Z行列を用いると簡単に計算することができます。

25.3 2端子対回路の並列接続

図25.2のように，2端子対回路 N_1 と N_2 を**並列接続**した場合を考えてみましょう。このとき，

和になっているもの→左辺へ

　　　入力端子の電流：$I_1 = I_1' + I_1''$
　　　出力端子の電流：$I_2 = I_2' + I_2''$

等しくなっているもの→右辺へ

　　　入力端子の電圧：$V_1 = V_1' = V_1''$
　　　出力端子の電圧：$V_2 = V_2' = V_2''$

ですので，「和になっているものを左辺」におき，「等しくなっているものに左から行列を掛ける」ようにすると，Y行列を用いて次のように表すことが

図25.2●並列接続

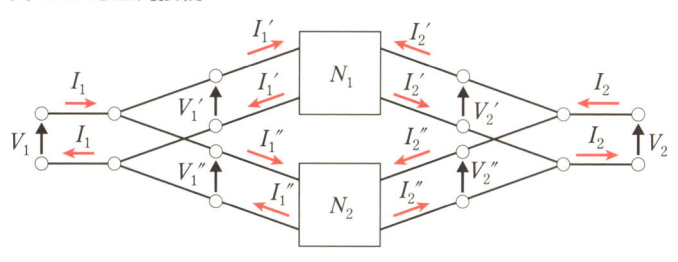

電圧は共通・電流は和

できます．

$$\begin{pmatrix} I_1' \\ I_2' \end{pmatrix} = \begin{pmatrix} Y_{11}' & Y_{12}' \\ Y_{21}' & Y_{22}' \end{pmatrix} \begin{pmatrix} V_1' \\ V_2' \end{pmatrix} \quad (7)$$

$$\begin{pmatrix} I_1'' \\ I_2'' \end{pmatrix} = \begin{pmatrix} Y_{11}'' & Y_{12}'' \\ Y_{21}'' & Y_{22}'' \end{pmatrix} \begin{pmatrix} V_1'' \\ V_2'' \end{pmatrix} \quad (8)$$

よって，式(7)，(8)の和を作ると，

$$\begin{pmatrix} I_1 \\ I_2 \end{pmatrix} = \begin{pmatrix} Y_{11}' + Y_{11}'' & Y_{12}' + Y_{12}'' \\ Y_{21}' + Y_{21}'' & Y_{22}' + Y_{22}'' \end{pmatrix} \begin{pmatrix} V_1 \\ V_2 \end{pmatrix}$$

となり，2端子対回路を並列接続したときには，Y行列を用いると簡単に計算することができます．

25.4 2端子対回路の直並列接続

図25.3のように，2端子対回路N_1とN_2の入力側を直列に，出力側を並列に接続した場合を考えてみましょう．このような接続方法を**直並列接続**といいます．このとき，

和になっているもの→左辺へ

　　入力端子の電圧：$V_1 = V_1' + V_1''$
　　出力端子の電流：$I_2 = I_2' + I_2''$

等しくなっているもの→右辺へ

　　入力端子の電流：$I_1 = I_1' = I_1''$
　　出力端子の電圧：$V_2 = V_2' = V_2''$

図25.3●直並列接続

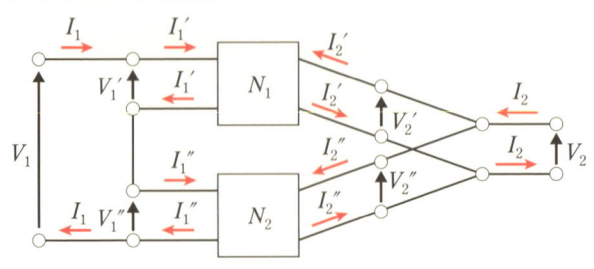

入力側が直列・出力側が並列

ですので,「和になっているものを左辺」におき,「等しくなっているものに左から行列を掛ける」ようにすると,H行列を用いて次のように表すことができます。

$$\begin{pmatrix} V_1' \\ I_2' \end{pmatrix} = \begin{pmatrix} H_{11}' & H_{12}' \\ H_{21}' & H_{22}' \end{pmatrix} \begin{pmatrix} I_1' \\ V_2' \end{pmatrix} \tag{9}$$

$$\begin{pmatrix} V_1'' \\ I_2'' \end{pmatrix} = \begin{pmatrix} H_{11}'' & H_{12}'' \\ H_{21}'' & H_{22}'' \end{pmatrix} \begin{pmatrix} I_1'' \\ V_2'' \end{pmatrix} \tag{10}$$

よって,式(9),(10)の和を作ると,

$$\begin{pmatrix} V_1 \\ I_2 \end{pmatrix} = \begin{pmatrix} H_{11}' + H_{11}'' & H_{12}' + H_{12}'' \\ H_{21}' + H_{21}'' & H_{22}' + H_{22}'' \end{pmatrix} \begin{pmatrix} I_1 \\ V_2 \end{pmatrix}$$

となり,2端子対回路を直並列接続したときには,H行列を用いると簡単に計算することができます。

25.5 2端子対回路の並直列接続

図25.4のように,2端子対回路N_1とN_2の入力側を並列に,出力側を直列に接続した場合を考えてみましょう。このような接続方法を**並直列接続**といいます。このとき,

和になっているもの→左辺へ

　　入力端子の電流:$I_1 = I_1' + I_1''$
　　出力端子の電圧:$V_2 = V_2' + V_2''$

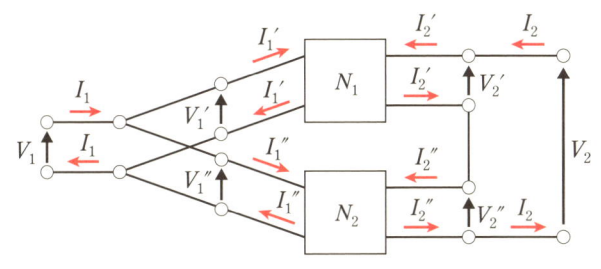

図25.4●並直列接続

入力側が並列・出力側が直列

等しくなっているもの→右辺へ

入力端子の電圧：$V_1 = V_1' = V_1''$

出力端子の電流：$I_2 = I_2' = I_2''$

ですので，「和になっているものを左辺」におき，「等しくなっているものに左から行列を掛ける」ようにすると，G 行列を用いて次のように表すことができます。

$$\begin{pmatrix} I_1' \\ V_2' \end{pmatrix} = \begin{pmatrix} G_{11}' & G_{12}' \\ G_{21}' & G_{22}' \end{pmatrix} \begin{pmatrix} V_1' \\ I_2' \end{pmatrix} \tag{11}$$

$$\begin{pmatrix} I_1'' \\ V_2'' \end{pmatrix} = \begin{pmatrix} G_{11}'' & G_{12}'' \\ G_{21}'' & G_{22}'' \end{pmatrix} \begin{pmatrix} V_1'' \\ I_2'' \end{pmatrix} \tag{12}$$

よって，式(11)，(12)の和を作ると，

$$\begin{pmatrix} I_1 \\ V_2 \end{pmatrix} = \begin{pmatrix} G_{11}' + G_{11}'' & G_{12}' + G_{12}'' \\ G_{21}' + G_{21}'' & G_{22}' + G_{22}'' \end{pmatrix} \begin{pmatrix} V_1 \\ I_2 \end{pmatrix}$$

となり，2端子対回路を並直列接続したときには，G 行列を用いると簡単に計算することができます。

25.6 2端子対回路の縦続接続

図 25.5 のように，2端子対回路 N_1 の出力側と N_2 の入力側を接続した場合を考えてみましょう。このような接続方法を**縦続接続**といいます。講義24でも述べましたが，出力電流の正の向きが，他の場合とは逆になっている点に注意してください。このとき，

$$V_1 = V_1', \ V_2' = V_1'', \ V_2'' = V_2 \tag{13}$$

$$I_1 = I_1', \ I_2' = I_1'', \ I_2'' = I_2 \tag{14}$$

図 25.5 ●縦続接続

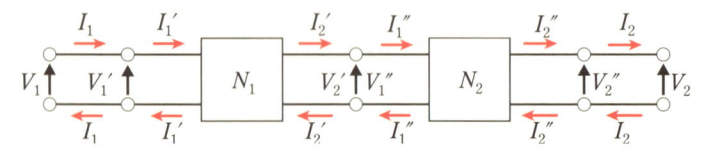

という関係が成り立ちます．他の行列のように，「和になっているもの」と「等しくなっているもの」というように分けることはできませんが，「N_1 の出力と N_2 の入力が等しい」という性質があるので，その関係を F 行列を用いて次のように表すことができます．

$$\begin{pmatrix} V_1' \\ I_1' \end{pmatrix} = \begin{pmatrix} A' & B' \\ C' & D' \end{pmatrix} \begin{pmatrix} V_2' \\ I_2' \end{pmatrix} \tag{15}$$

$$\begin{pmatrix} V_1'' \\ I_1'' \end{pmatrix} = \begin{pmatrix} A'' & B'' \\ C'' & D'' \end{pmatrix} \begin{pmatrix} V_2'' \\ I_2'' \end{pmatrix} \tag{16}$$

よって，式(13)，(14)の関係より，式(15)の出力に式(16)の入力を代入すると，

$$\begin{pmatrix} V_1 \\ I_1 \end{pmatrix} = \begin{pmatrix} V_1' \\ I_1' \end{pmatrix} = \begin{pmatrix} A' & B' \\ C' & D' \end{pmatrix} \begin{pmatrix} A'' & B'' \\ C'' & D'' \end{pmatrix} \begin{pmatrix} V_2'' \\ I_2'' \end{pmatrix}$$

$$= \begin{pmatrix} A' & B' \\ C' & D' \end{pmatrix} \begin{pmatrix} A'' & B'' \\ C'' & D'' \end{pmatrix} \begin{pmatrix} V_2 \\ I_2 \end{pmatrix}$$

となり，2端子対回路を縦続接続したときの入力信号と出力信号の関係を，それぞれの F 行列の積を用いて簡単に計算することができます．入力信号と出力信号の向きを反転したときは，まったく同じように K 行列の積を用いて表すことができます．

演習問題 25.1 演習問題 23.3 の結果を用いて，図の回路の Z 行列を求めよ．

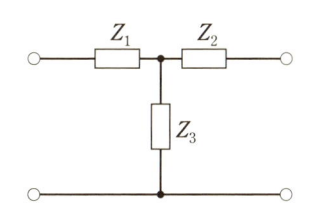

解答&解説 与えられた回路を下図のように書き直します。

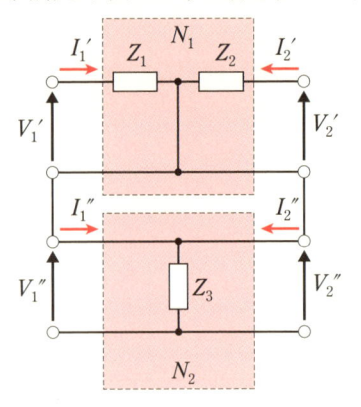

回路 N_1 と回路 N_2 の直列接続と見なすことができるので，それぞれの Z 行列を求めてから，その和を求めます。

　N_1 について，出力端子を開放すると，

$$V_1' = Z_1 I_1' \quad \therefore Z_{11}' = Z_1$$
$$V_2' = 0 \quad \therefore Z_{21}' = 0$$

　入力端子を開放すると，

$$V_1' = 0 \quad \therefore Z_{12}' = 0$$
$$V_2' = Z_2 I_2' \quad \therefore Z_{22}' = Z_2$$

よって，N_1 の Z 行列 Z_1 は，

$$Z_1 = \begin{pmatrix} Z_1 & 0 \\ 0 & Z_2 \end{pmatrix}$$

また，N_2 の Z 行列 Z_2 は，演習問題 23.3 の結果より，

$$Z_2 = \begin{pmatrix} Z_3 & Z_3 \\ Z_3 & Z_3 \end{pmatrix}$$

よって，求める Z 行列は，

$$Z = Z_1 + Z_2 = \begin{pmatrix} Z_1 + Z_3 & Z_3 \\ Z_3 & Z_2 + Z_3 \end{pmatrix} \quad \cdots\cdots \text{(答)}$$

演習問題 25.2 演習問題 24.1 の結果を用いて，図の回路の H 行列を求めよ。

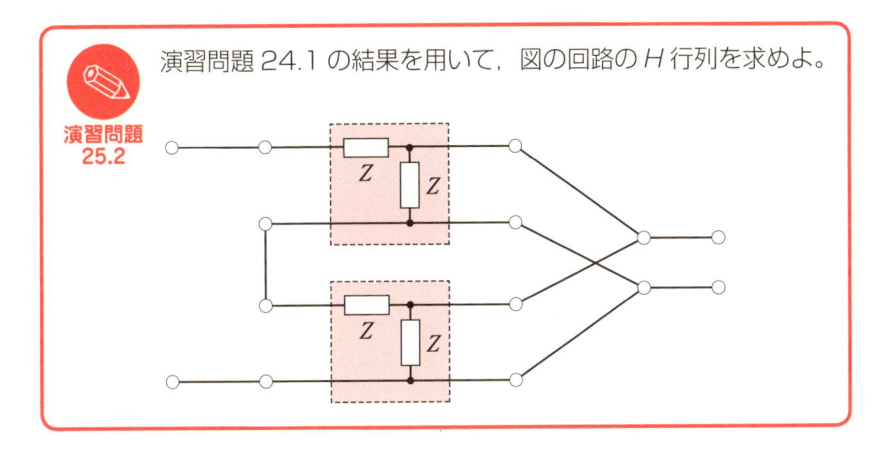

解答&解説 演習問題 24.1 の結果を用いると，負荷 2 つからなる 2 端子対回路の H 行列 H_1 は，

$$H_1 = \begin{pmatrix} Z & 1 \\ -1 & \dfrac{1}{Z} \end{pmatrix}$$

よって，2 つの 2 端子対回路を直並列接続した回路の H 行列 H は，

$$H = 2H_1 = \begin{pmatrix} 2Z & 2 \\ -2 & \dfrac{2}{Z} \end{pmatrix} \quad \cdots\cdots \text{（答）}$$

演習問題 25.3 演習問題 24.2 と 24.3 の結果を用いて，図の回路の F 行列を求めよ。

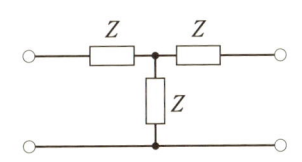

解答&解説 回路を下図のように3つの2端子対回路の縦続接続と見なすことができます。

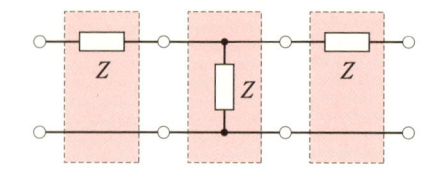

演習問題24.2 と 24.3 の結果を用いると，求める F 行列は，

$$F = \begin{pmatrix} 1 & Z \\ 0 & 1 \end{pmatrix} \begin{pmatrix} 1 & 0 \\ \dfrac{1}{Z} & 1 \end{pmatrix} \begin{pmatrix} 1 & Z \\ 0 & 1 \end{pmatrix} = \begin{pmatrix} 2 & 3Z \\ \dfrac{1}{Z} & 2 \end{pmatrix} \quad \cdots\cdots \text{（答）}$$

コメント 図の回路が対称性をもつため，$A=D=2$ を満たしています。

講義 26 過渡現象（RC回路・RL回路）

　直流回路のスイッチを切り替えると，回路はある時間が経過した後に定常状態になります。定常状態へ達するまでの回路のふるまいを過渡現象といいます。ここでは，回路方程式をもとに，過渡現象を学びましょう。

26.1 RC回路の回路方程式を解く

　図 26.1 に示すような電池，コンデンサ，抵抗，スイッチからなる回路を考えてみましょう。スイッチを入れたときの回路方程式は次のようになります。

$$E = \frac{q}{C} + Ri \tag{1}$$

講義 08 で学んだように，単位時間に断面を通過した電荷量は，コンデンサに蓄えられている電荷の単位時間あたりの変化と等しくなるので，次の関係が成り立ちます。

$$i = \frac{dq}{dt} \tag{2}$$

よって，式(2)を式(1)に代入すると，

$$E = \frac{q}{C} + R\frac{dq}{dt} \tag{3}$$

となります。式(3)のように，未知関数（この場合は q）と，その導関数

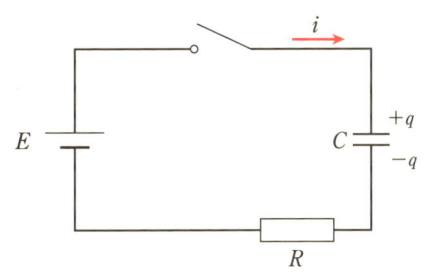

図 26.1 ● RC回路

(この場合は $\frac{dq}{dt}$) の関係式として書かれている方程式のことを**微分方程式**といいます．微分方程式には，さまざまな解法パターンがあることが知られていて，方程式の種類によって解法が分類されています．式(3)のように，未知関数と，その一次導関数とからなる関係式は**変数分離型**と呼ばれ，微分方程式の中で最も基本となるものです．

では，スイッチを入れる前は，コンデンサに蓄えられていた電荷が $q=0$ であったという初期条件のもとで，式(3)を解いてみましょう．式(3)より，

$$\frac{dq}{dt} = -\frac{1}{RC}(q - CE)$$

この式を変形して，変数を分離します．つまり，電荷 q を含む部分を左辺に，含まない部分を右辺にもっていきます．

$$\frac{1}{q - CE} dq = -\frac{1}{RC} dt$$

これで，変数が分離できました．次に，両辺を積分します．

$$\int \frac{1}{q - CE} dq = -\frac{1}{RC} \int dt$$

積分を計算すると，

$$\log(q - CE) = -\frac{1}{RC} t + A$$

ここで，A は積分定数です．

$$\therefore q - CE = e^{-\frac{1}{RC}t + A} = e^{-\frac{1}{RC}t} \cdot e^A \tag{4}$$

ここで，$t=0$ のとき $q=0$ という初期条件から，積分定数 A の値を決めます．式(4)に $t=0$, $q=0$ を代入して計算すると，

$$e^A = -CE$$

となるので，式(4)は以下のようになります．

$$q = CE(1 - e^{-\frac{1}{RC}t}) \tag{5}$$

また，電流 i は式(5)を時間で微分して以下のように求められます．

$$i = \frac{dq}{dt} = \frac{E}{R} e^{-\frac{1}{RC}t} \tag{6}$$

図 26.2 ● RC 回路の過渡現象

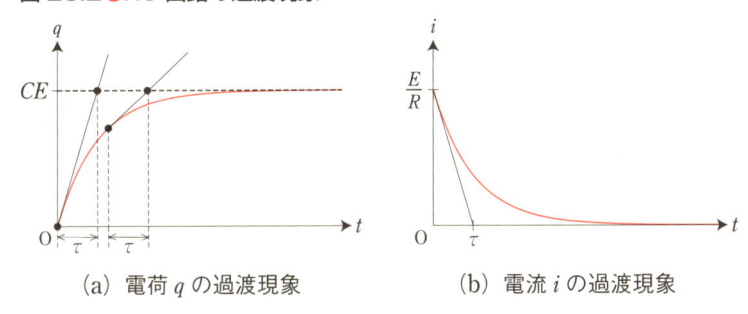

(a) 電荷 q の過渡現象

(b) 電流 i の過渡現象

式(5)と式(6)をグラフに表すと**図 26.2** のようになります。グラフを見ると，スイッチを入れてから，電荷 $q = CE$，$i = 0$ の定常状態へ到達するまでに，指数関数的な変化をすることが分かります。このように，ある定常状態から別の定常状態へ移るときに時間的に状態が変化する現象を**過渡現象**といいます。

図 26.2(a)の曲線上の任意の時刻から接線を引き，漸近線 $q = CE$ と交わる時刻との差をとると，指数関数の性質によりその時間差 τ は，接点の位置によらず一定となります。そこで，接点を原点にとると，

$$\left(\frac{dq}{dt}\right)_{t=0} = \frac{E}{R}$$

より，接線の方程式は，

$$q = \frac{E}{R}t$$

となります。$q = CE$ のときの時刻を τ とおくと，

$$\tau = RC$$

と求まります。この時刻 τ を**時定数**といいます。時定数は，定常状態の $\frac{1}{e}$ 倍へ到達する時間の長さを表します。つまり，時定数が大きいほど，ゆっくりと定常状態へ近づくことになります。

26.2 RL 回路の回路方程式を解く

図 26.3 のような，電池，コイル，抵抗，スイッチからなる回路について考えてみましょう。

まず，スイッチを入れ充分時間がたった場合を考えます。このとき，抵抗

図 26.3 ● RL 回路

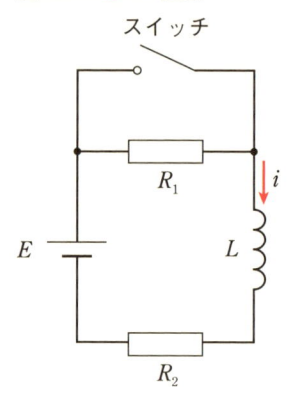

R_1 には電流が流れずに，スイッチ側にすべての電流が流れます。また，回路には一定の電流が流れコイルにおける電圧降下は 0 になります。よって，コイルを流れる電流 i は，

$$i = \frac{E}{R_2}$$

となります。次に，時刻 $t=0$ にスイッチを切ります。スイッチを切った後の回路方程式は，

$$E - L\frac{di}{dt} = (R_1 + R_2)i \tag{7}$$

となり，式(7)も式(3)と同様に変数分離型の微分方程式になっていますので，まったく同じようにして時間の関数を求めることができます。

式(7)を変形すると，

$$\frac{di}{dt} = -\frac{R_1 + R_2}{L}\left(i - \frac{E}{R_1 + R_2}\right)$$

ここで，簡単のために $R_1 + R_2 = R$ とおき，変数を分離すると，

$$\frac{1}{i - \frac{E}{R}}di = -\frac{R}{L}dt$$

両辺を積分して，

$$\int \frac{1}{i - \frac{E}{R}}di = -\frac{R}{L}\int dt$$

積分を計算すると

$$\log\left(i - \frac{E}{R}\right) = -\frac{R}{L}t + A \text{ （積分定数）}$$

$$\therefore i - \frac{E}{R} = e^{-\frac{R}{L}t} \cdot e^A \tag{8}$$

ここで，$t=0$ のとき $i = \dfrac{E}{R_2}$ という初期条件から，

$$\frac{E}{R_2} - \frac{E}{R} = e^A$$

となるので，式(8)は以下のようになります．

$$\begin{aligned} i &= \frac{E}{R} + \left(\frac{E}{R_2} - \frac{E}{R}\right)e^{-\frac{R}{L}t} \\ &= \frac{E}{R_1 + R_2} + \left(\frac{E}{R_2} - \frac{E}{R_1 + R_2}\right)e^{-\frac{R_1 + R_2}{L}t} \end{aligned} \tag{9}$$

式(9)をグラフに表すと**図 26.4** のようになります．図 26.4 のグラフで $t=0$ における接線と $i = \dfrac{E}{R_1 + R_2}$ の漸近線との交点の時刻が時定数 τ になります．

時定数 τ も，先ほどと同じやり方で求めてみましょう．電流 i の導関数は，

$$\frac{di}{dt} = -\frac{RE}{L}\left(\frac{1}{R_2} - \frac{1}{R}\right)e^{-\frac{R}{L}t}$$

$$\therefore \left(\frac{di}{dt}\right)_{t=0} = -\frac{RE}{L}\left(\frac{1}{R_2} - \frac{1}{R}\right)$$

となるから，$t=0$ における接線の方程式は，

$$i = -\frac{RE}{L}\left(\frac{1}{R_2} - \frac{1}{R}\right)t + \frac{E}{R_2}$$

となり，$i = \dfrac{E}{R}$，$t = \tau$ とおくと，時定数 τ は以下のようになります．

図 26.4 ● RL 回路の過渡現象

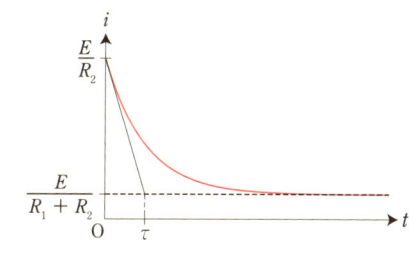

$$\frac{E}{R} = -\frac{RE}{L}\left(\frac{1}{R_2} - \frac{1}{R}\right)\tau + \frac{E}{R_2}$$

$$\therefore \tau = \frac{L}{R} = \frac{L}{R_1 + R_2}$$

時定数 τ は，初期状態から定常状態への変化に対して $\frac{1}{e}$ 倍だけ変化するまでの時間を意味しています。その性質を利用すると，もっと簡単に時定数を求めることができます。

$$e^{-\frac{R}{L}\tau} = e^{-1}$$

より，

$$\tau = \frac{L}{R} = \frac{L}{R_1 + R_2}$$

つまり，**指数が−1になるように τ を決めればよい**ということになります。

> **演習問題 26.1** 図の RC 回路において，はじめにコンデンサに電荷 CE を蓄えておき，時刻 $t=0$ にスイッチを入れて放電した。コンデンサの電荷 q の時間変化を求めよ。また，時定数 τ を求めよ。

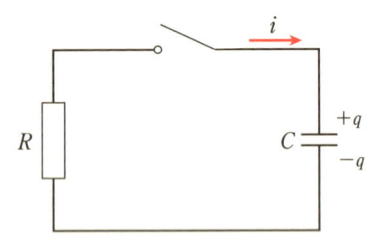

解答&解説 回路方程式は，

$$0 = \frac{q}{C} + R\frac{dq}{dt}$$

$$\therefore \frac{dq}{dt} = -\frac{1}{RC}q$$

変数を分離すると，

$$\frac{1}{q}dq = -\frac{1}{RC}dt$$

両辺を積分して,

$$\int \frac{1}{q}dq = -\frac{1}{RC}\int dt$$

これを計算すると,

$$\log q = -\frac{1}{RC}t + A \quad (\text{積分定数})$$

$$\therefore q = e^{-\frac{1}{RC}t} \cdot e^A$$

初期条件：$t=0$ のとき $q=CE$ を用いると,

$$CE = e^A$$

よって，求める関数は以下のようになります。

$$q = CEe^{-\frac{1}{RC}t} \quad \cdots\cdots \text{（答）}$$

また，時定数 τ は $-\dfrac{1}{RC}\tau = -1$ より,

$$\tau = RC \quad \cdots\cdots \text{（答）}$$

演習問題 26.2 図の RL 回路において，スイッチを入れた後の電流の時間変化を求めよ。また，時定数 τ を求めよ。ただし，スイッチを入れた時刻を $t=0$ とする。

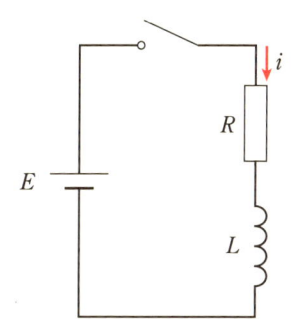

解答&解説 回路方程式は，

$$E - L\frac{di}{dt} = Ri$$

$$\therefore \frac{di}{dt} = -\frac{R}{L}\left(i - \frac{E}{R}\right)$$

変数を分離すると，

$$\frac{1}{i - \frac{E}{R}}di = -\frac{R}{L}dt$$

両辺を積分して，

$$\int \frac{1}{i - \frac{E}{R}}di = -\frac{R}{L}\int dt$$

これを計算すると，

$$\log\left(i - \frac{E}{R}\right) = -\frac{R}{L}t + A \quad （積分定数）$$

$$\therefore i - \frac{E}{R} = e^{-\frac{R}{L}t} \cdot e^A$$

初期条件：$t=0$ のとき $i=0$ を用いると，

$$-\frac{E}{R} = e^A$$

よって，求める関数は以下のようになります。

$$i = \frac{E}{R}\left(1 - e^{-\frac{R}{L}t}\right) \quad \cdots\cdots \text{（答）}$$

また，時定数 τ は $-\frac{R}{L}\tau = -1$ より，

$$\tau = \frac{L}{R} \quad \cdots\cdots \text{（答）}$$

講義 27 LC回路とRLC回路

　回路方程式を微分方程式として捉えると，力学の運動方程式との共通点を見出すことができます。ここでは，ばね振り子の単振動，減衰振動，過減衰と等価なふるまいをする回路について学びましょう。

27.1 LC回路は単振動

　図27.1に示すようなコンデンサとコイルからなる LC 回路を考えてみましょう。はじめにコンデンサに電荷 CE を蓄えておいてから，スイッチを入れるとどのような電流が流れるでしょうか。スイッチを入れたときの回路方程式は次のようになります。

$$L\frac{di}{dt} = -\frac{q}{C} \tag{1}$$

コイルを流れる電流 i と，コンデンサの電荷 q の間には，

$$i = -\frac{dq}{dt} \tag{2}$$

という関係が成り立ちます。負の符号は，電流が正の向きに流れると電荷 q が減少するような向きに電流の向きが決められていることを表しています。式(2)を式(1)に代入すると，

$$L\frac{d^2q}{dt^2} = \frac{1}{C}q \tag{3}$$

図27.1 ● LC回路

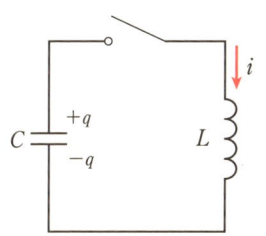

図 27.2 ●ばね振り子

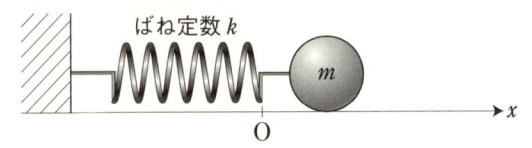

となり，これは**図 27.2** のようなばね振り子の運動方程式

$$m\frac{d^2x}{dt^2} = -kx$$

と同じタイプの式になっているので，図 27.1 の回路は電気的な**単振動**を示すことがわかります。

式(3)を見ると変数 q は，時間で 2 階微分すると再び同じ形が出てくる関数であることが分かるので，とりあえず，

$$q = A\sin(\omega t + \phi)$$

とおき，A，ω，ϕ をどのように決めればよいのか調べてみましょう。

$$\frac{d^2q}{dt^2} = -\omega^2 A\sin(\omega t + \phi)$$

より，式(3)は以下のようになります

$$\left(\omega^2 L - \frac{1}{C}\right)A\sin(\omega t + \phi) = 0 \tag{4}$$

よって，

$$\omega^2 L - \frac{1}{C} = 0$$

$$\therefore \omega = \frac{1}{\sqrt{LC}}$$

を満たせば，式(4)が成り立つことが分かります。よって，

$$q = A\sin\left(\frac{1}{\sqrt{LC}}t + \phi\right)$$

となり，このとき電流 i は，

$$i = \frac{dq}{dt} = \frac{A}{\sqrt{LC}}\cos\left(\frac{1}{\sqrt{LC}}t + \phi\right)$$

となります。次に，初期条件より，A と ϕ を決めます。$t = 0$ のとき $q = CE$，$i = 0$ より，

$$\begin{cases} CE = A\sin\phi \\ 0 = \dfrac{A}{\sqrt{LC}}\cos\phi \end{cases}$$

$$\therefore \phi = \frac{\pi}{2}, \quad A = CE$$

となり，$\sin(\omega t + \frac{\pi}{2}) = \cos\omega t$，$\cos(\omega t + \frac{\pi}{2}) = -\sin\omega t$ という関係を用いると，次のように求まります．

$$q = CE\cos\omega t$$

$$i = -E\sqrt{\frac{C}{L}}\sin\omega t$$

27.2 RLC 回路は減衰振動または過減衰

図 27.3 のように，LC 回路に抵抗を追加した RLC 回路について考えてみましょう．

もし，抵抗値が十分に小さければ，単振動に近いふるまいをするはずです．また，抵抗からエネルギーが次第に散逸していくので，充分時間がたてば，コンデンサの電荷が 0 になり，電流も流れなくなることが予想されます．

回路方程式を立てると，

$$L\frac{di}{dt} = -\frac{q}{C} - Ri$$

電流と電荷との関係

$$i = \frac{dq}{dt}$$

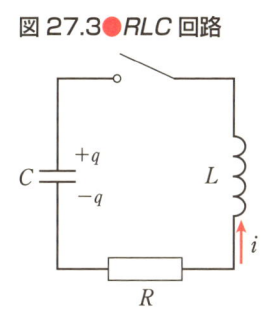

図 27.3 ● RLC 回路

を用いて整理すると，

$$L\frac{d^2q}{dt^2} + R\frac{dq}{dt} + \frac{1}{C}q = 0 \tag{5}$$

となります。これは，**図 27.4** のような抵抗力の働くばね振り子の運動方程式

$$m\frac{d^2x}{dt^2} + \gamma\frac{dx}{dt} + kx = 0$$

と同じタイプの式です。

　このようなばね振り子は，抵抗力が小さいときは**減衰振動**，抵抗力が大きくなると**過減衰**と呼ばれる運動をします。ですので，式(5)で表される回路方程式の解も同様のふるまいをすると考えられます。

　式(5)を満たしそうな関数として，指数関数を予想し，

$$q = Ae^{pt}$$

とおき，式(5)に代入してみましょう。

$$\frac{dq}{dt} = pAe^{pt}, \quad \frac{d^2q}{dt^2} = p^2Ae^{pt}$$

より，式(5)は以下のようになります。

$$\left(Lp^2 + Rp + \frac{1}{C}\right)Ae^{pt} = 0$$

よって，

$$Lp^2 + Rp + \frac{1}{C} = 0 \tag{6}$$

を満たすように p を決めれば，式(5)を満たすことが分かります。式(6)の解を求めると，

$$p = \frac{-CR \pm \sqrt{C^2R^2 - 4LC}}{2LC} \tag{7}$$

図 27.4●抵抗力の働くばね振り子

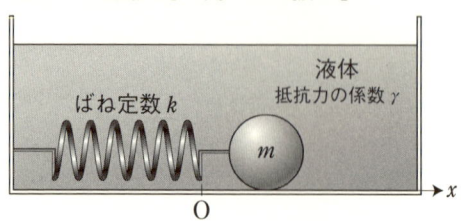

となります。この解の物理的な意味を考えてみましょう。$R=0$ のときは、27.1 節で扱った LC 回路になりますので、q は単振動をするはずです。式(7) で $R=0$ とすると、

$$p = \pm j \frac{1}{\sqrt{LC}}$$

となり、虚数になります。よって、指数関数は、

$$q = Ae^{\pm j \frac{1}{\sqrt{LC}} t} = A\left(\cos \frac{1}{\sqrt{LC}} t \pm \sin \frac{1}{\sqrt{LC}} t \right)$$

となり、その実数部分または虚数部分が単振動になることが分かります。

次に、2 次方程式(6)の判別式 $D = C^2 R^2 - 4LC > 0$ の場合を考えてみましょう。このとき、解(7)の平方根の中身が正になるので、p は実数になり、かつ、いずれの解のときも負になります。よって、正の実数 λ_a, λ_b ($\lambda_a > \lambda_b$) を用いて、

$$p = -\lambda_a, \quad p = -\lambda_b$$

と表すことができます。このとき、微分方程式(5)の解は、次のように表すことができます。

$$q = Ae^{-\lambda_a t}, \quad Ae^{-\lambda_b t}$$

よって、**図 27.5** のように、判別式が正のときは、抵抗値が大きく、電荷の変動は振動することなく指数関数的に減衰してしまいます。これは、力学でいう過減衰に相当する現象です。

初期条件：$t=0$ のとき $q=CE$ より、未知定数 $A=CE$ となるので、結局、解は次のようになります。

図 27.5 ●抵抗値が大きいときは過減衰

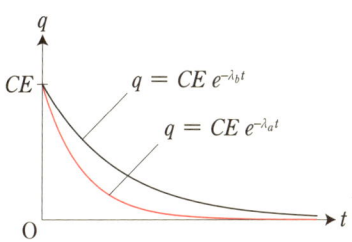

$q = CE e^{-\lambda_b t}$

$q = CE e^{-\lambda_a t}$

$$q = CEe^{-\lambda_\alpha t}, \quad CEe^{-\lambda_\beta t}$$

今度は、判別式 $D = C^2R^2 - 4LC < 0$ の場合を考えてみましょう。解(7)の平方根の中が負になるので、p は虚数になります。よって、

$$p = -\frac{R}{2L} \pm j\sqrt{\frac{1}{LC} - \frac{R^2}{4L^2}}$$

$\dfrac{R}{2L} = \lambda'$, $\sqrt{\dfrac{1}{LC} - \dfrac{R^2}{4L^2}} = \omega'$ とおくと、

$$p = -\lambda' \pm j\omega'$$

と表すことができます。よって、微分方程式(5)の解は、

$$q = Ae^{-\lambda't \pm j\omega't}$$

初期条件：$t = 0$ のとき $q = CE$ より、未知定数 $A = CE$ となるので、

$$q = CEe^{-\lambda't \pm j\omega't} = CEe^{-\lambda't}(\cos\omega't \pm j\sin\omega't)$$

となり、実数部分をとると、

$$q = CEe^{-\lambda't}\cos\omega't$$

となります。よって、判別式が負のときは、**図 27.6** のように、振幅が指数関数的に減衰しながら振動するようなふるまいになります。これは、力学の減衰振動に相当する現象です。

図 27.6 ● 抵抗値が小さいときは減衰振動

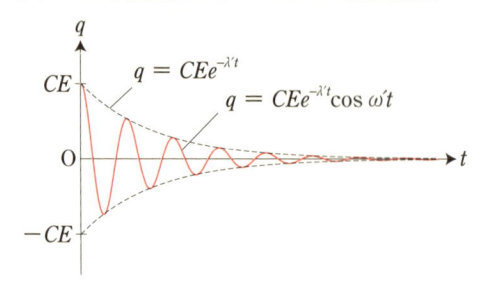

演習問題 27.1 図の LC 回路において，$t=0$ においてスイッチを入れたとき，電流 i の時間変化を求めよ。

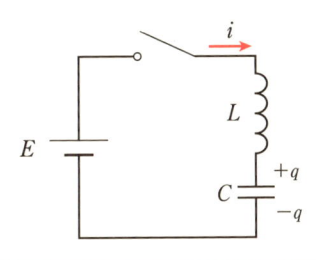

解答&解説 回路方程式を立てると

$$E - L\frac{di}{dt} = \frac{q}{C}$$

$i = \dfrac{dq}{dt}$ を用いて整理すると，

$$\frac{d^2q}{dt^2} = -\frac{1}{LC}(q - CE)$$

$q - CE = A\sin\left(\dfrac{1}{\sqrt{LC}}t + \phi\right)$ とおくと，

$$i = \frac{dq}{dt} = \frac{A}{\sqrt{LC}}\cos\left(\frac{1}{\sqrt{LC}}t + \phi\right)$$

となり，初期条件：$t=0$ のとき $q=0$，$i=0$ より，

$$-CE = A\sin\phi$$

$$0 = \frac{A}{\sqrt{LC}}\cos\phi$$

が得られます。よって，$\phi = \dfrac{\pi}{2}$，$A = -CE$ となり，求める電流は，

$$q = CE\left(1 - \cos\frac{1}{\sqrt{LC}}t\right)$$

$$\therefore\ i = E\sqrt{\frac{C}{L}}\sin\frac{1}{\sqrt{LC}}t \ \cdots\cdots\ (答)$$

> **演習問題 27.2** 以下の微分方程式を解き,解を求めよ.
> $$\frac{d^2x}{dt^2}+2\frac{dx}{dt}+5x=0, \quad t=0 \text{ のとき } x=1, \frac{dx}{dt}=0$$

解答&解説 $x=Ae^{pt+\phi}$ とおき,与式に代入すると,

$$(p^2+2p+5)Ae^{pt+\phi}=0$$

よって,

$$p^2+2p+5=0$$

を満たす p を求めると,

$$p=-1\pm j2$$

よって,

$$x=Ae^{(-1\pm j2)t+\phi}=Ae^{-t}\cdot e^{\pm j2t+\phi}=Ae^{-t}\{\cos(2t+\phi)+j\sin(2t+\phi)\}$$

よって,実数部分をとると,

$$x=Ae^{-t}\cos(2t+\phi)$$

$$\frac{dx}{dt}=-Ae^{-t}\cos(2t+\phi)-2Ae^{-t}\sin(2t+\phi)$$

初期条件:$t=0$ のとき $x=1, \frac{dx}{dt}=0$ より,

$$1=A\cos\phi$$
$$0=-A\cos\phi-2A\sin\phi$$

$$\therefore \tan\phi=-\frac{1}{2}, \quad A=\frac{1}{\cos\phi}=\sqrt{5}$$

よって,図のような三角比になるので $\cos\phi=\frac{1}{\sqrt{5}}$

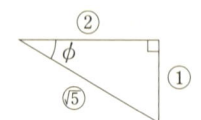

$$\therefore x=\sqrt{5}\,e^{-t}\cos(2t+\phi) \quad \cdots\cdots \text{(答)}$$

ただし,$\tan\phi=-\frac{1}{2}$

講義 LECTURE 28 分布定数回路の基礎方程式

　送電線や通信線などの伝送線路を電気信号が伝わる場合，伝送線路の一端から入力された信号は，伝送線路を順々に伝わっていき，他端へ到達します。伝送線路が長くなってくると，信号が伝わる時間遅れが無視できなくなり，導線内を信号が伝わる様子を考慮する必要が出てきます。そのために導入されるのが分布定数回路です。

28.1 伝送線路の性質

　伝送線路を信号が伝わる様子を考えるためには，まず，伝送線路について知る必要があります。**図 28.1** は，**平行 2 線伝送線路**と呼ばれる伝送線路を表しています。平行 2 線伝送線路は導体でできていて，そこに電流が流れて信号が伝わるので，導線抵抗が生じます。それらの効果が抵抗 R で表されます。

　また，導線に電流が流れると，導線のまわりに磁界が発生します。伝送線路が長くなると磁界の効果が無視できなくなります。この効果が自己インダクタンス L で表されます。

　2 本の導体が向き合っていることから，2 線伝送線路はコンデンサと見なすことができます。この効果が静電容量 C で表されます。

　2 本の導線の間は絶縁体が置かれていますが，高周波になると誘電体が分

図 28.1 ●平行 2 線伝送線路

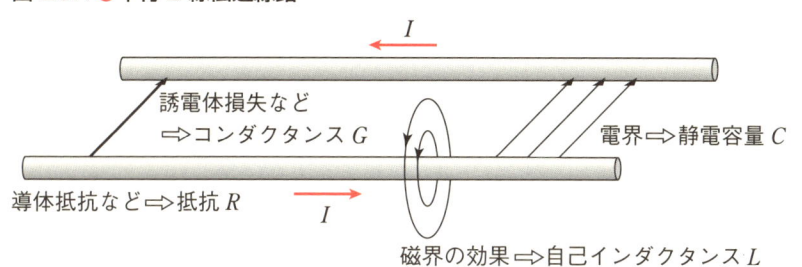

図 28.2●平行 2 線伝送線路の等価回路

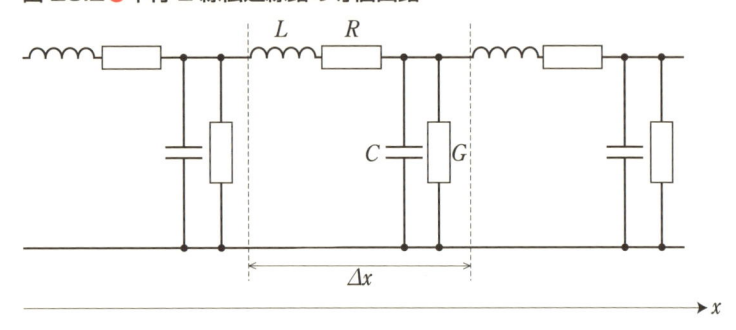

極と脱分極を繰り返し，エネルギーを失う誘電体損失の効果が増えてきます。この効果がコンダクタンス G で表されます。

このように考えて，平行 2 線伝送線路を**図 28.2** のような回路で置き換えます。

実際には，回路素子は伝送線路に連続的に分布しています。そこで，微小区間 Δx をとって離散化し，その区間に抵抗，コンデンサ，コイルが接続されていると考えます。ここで，抵抗値 R，コンダクタンス G，自己インダクタンス L，静電容量 C などは，すべて**単位長さあたり**の値とします。例えば，長さ Δx の導線の抵抗値は $R\Delta x\,[\Omega]$ ということになります。

28.2 分布定数回路の基礎方程式

回路素子である R, G, L, C の空間的な広がりを無視することができ，1 点に局在しているような回路を**集中定数回路**といいます。それに対して，伝送線路のように素子が線路に沿って分布した回路を**分布定数回路**といいます。入力信号が伝送線路内を波動として伝わる様子を厳密に扱うためには，マクスウェル方程式を立てて解く必要がありますが，分布定数回路を用いると，回路理論の枠組みで扱えるため，マクスウェル方程式を解くことに比べて，計算がとても簡単になるというメリットがあります（**図 28.3**）。

集中定数回路では，電圧 v，電流 i は時間のみの関数で，$v(t)$, $i(t)$ と表すことができました。ところが，分布定数回路では，空間的な広がりがありますので，線路方向に x 軸をとると，線路間の電圧や，線路を流れる電流をそれぞれ $v(x,t)$, $i(x,t)$ のように座標 x と時間 t の関数として表す必要があります。

図 28.3 ● 集中定数回路と分布定数回路

回路理論 | 電磁気学

素子が1点に集中 ⇒ 集中定数回路

素子が線路に渡って分布 ⇒ 分布定数回路

導線でできた線路 ⇒ マクスウェル方程式

図 28.4 ● 微小区間の等価回路

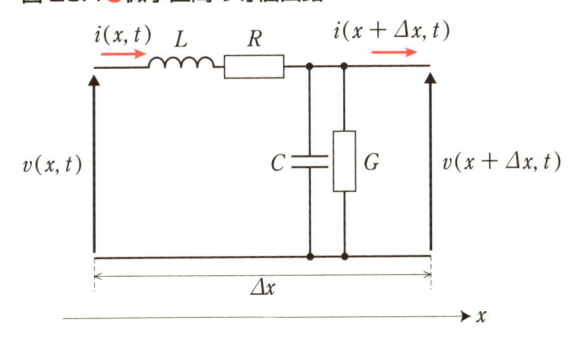

　図28.2の微小区間 Δx を取り出し，回路方程式を立ててみましょう．**図28.4**のように電流と電圧を定義します．

　まずは，電圧から考えてみましょう．単位長さあたりの抵抗値が R〔Ω/m〕ですので，長さ Δx の領域では $R\Delta x$〔Ω〕になります．よって，抵抗による電圧降下は，

$$R\Delta x i(x, t)$$

と表すことができます．また，単位長さあたりの自己インダクタンスが L〔H/m〕ですので，長さ Δx の領域では $L\Delta x$〔H〕となります．また，電流の時間微分は，電流が x と i の2変数関数なので，x を定数と見なし，時間 t で微分することになります．このような微分を**偏微分**といい，時間による偏微分は，$\dfrac{\partial}{\partial t}$ で表します．よって，コイルによる電圧降下は，

$$L\Delta x \frac{\partial}{\partial t} i(x, t)$$

と表すことができます．これらを用いると，図28.4の左端と右端の電位差

は，次のように表すことができます．

$$v(x,t) - v(x+\Delta x, t) = R\Delta x i(x,t) + L\Delta x \frac{\partial}{\partial t} i(x,t) \tag{1}$$

次に，Δx が微小区間なので1次近似を行います．**図 28.5** のように，関数 $v(x,t)$ の点 $(x, v(x,t))$ における接線の傾きが $\frac{\partial}{\partial x} v(x,t)$ より，次のように近似します．

$$v(x+\Delta x, t) \fallingdotseq v(x,t) + \frac{\partial}{\partial x} v(x,t) \Delta x \tag{2}$$

式(2)を式(1)に代入して整理すると，

$$-\frac{\partial v(x,t)}{\partial x} \Delta x = R\Delta x i(x,t) + L\Delta x \frac{\partial i(x,t)}{\partial t}$$

となり，両辺を Δx で割り，表記を簡単にするために，$v(x,t)=v, i(x,t)=i$ と書くと，次式を得ます．

$$-\frac{\partial v}{\partial x} = Ri + L\frac{\partial i}{\partial t} \tag{3}$$

式(3)は分布定数回路の**電圧分布を表す基礎方程式**です．

次に，電流について考えてみましょう．長さ Δx の領域のコンデンサの静電容量は，$C\Delta x$ [F] と表されるので，コンデンサに蓄えられる電荷は，

$$q(x,t) = C\Delta x v(x+\Delta x, t)$$

と表され，コンデンサを図 28.4 の下向きに流れる電流は，

$$i(x,t) = \frac{\partial q(x,t)}{\partial t} = C\Delta x \frac{\partial}{\partial t} v(x+\Delta x, t)$$

と表されます．また，長さ Δx の領域のコンダクタンスは $G\Delta x$ [S] と表され

図 28.5 ● 電圧 $v(x+\Delta x, t)$ を1次近似

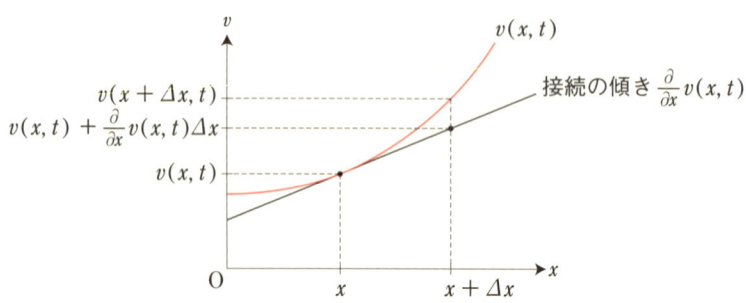

るので，コンダクタンスを図28.4の下向きに流れる電流は，

$$i(x+\Delta x, t) = G\Delta x v(x+\Delta x, t)$$

と表されます。よって，キルヒホッフの第1則は，

$$i(x,t) - i(x+\Delta x, t) = C\Delta x \frac{\partial}{\partial t} v(x+\Delta x, t) + G\Delta x v(x+\Delta x, t) \quad (4)$$

となり，電流についても1次近似を行うと，

$$i(x+\Delta x, t) \fallingdotseq i(x,t) + \frac{\partial}{\partial x} i(x,t) \Delta x \quad (5)$$

式(2)，(5)を式(4)に代入し，Δx の2次を無視して整理すると，

$$-\frac{\partial i(x,t)}{\partial x} \Delta x = G\Delta x v(x,t) + C\Delta x \frac{\partial v(x,t)}{\partial t}$$

となり，両辺を Δx で割り，表記を簡単にするために，$v(x,t) = v, i(x,t) = i$ と書くと，次式を得ます。

$$-\frac{\partial i}{\partial x} = Gv + C\frac{\partial v}{\partial t} \quad (6)$$

式(6)は分布定数回路の**電流分布を表す基礎方程式**です。

分布定数回路の基礎方程式

電圧分布：$-\dfrac{\partial v}{\partial x} = Ri + L\dfrac{\partial i}{\partial t}$

電流分布：$-\dfrac{\partial i}{\partial x} = Gv + C\dfrac{\partial v}{\partial t}$

式(3)，(6)をさらに変形します。式(3)を x で偏微分し，式(6)を t で偏微分すると，

$$-\frac{\partial^2 v}{\partial x^2} = R\frac{\partial i}{\partial x} + L\frac{\partial^2 i}{\partial t \partial x} \quad (7)$$

$$-\frac{\partial^2 i}{\partial x \partial t} = G\frac{\partial v}{\partial t} + C\frac{\partial^2 v}{\partial t^2} \quad (8)$$

式(6)と式(8)を式(7)へ代入して整理すると，

$$\frac{\partial^2 v}{\partial x^2} = LC\frac{\partial^2 v}{\partial t^2} + (RC + GL)\frac{\partial v}{\partial t} + GRv \quad (9)$$

次に，式(3)を t で偏微分し，式(6)を x で偏微分すると，

$$-\frac{\partial^2 v}{\partial x \partial t} = R\frac{\partial i}{\partial t} + L\frac{\partial^2 i}{\partial t^2} \tag{10}$$

$$-\frac{\partial^2 i}{\partial x^2} = G\frac{\partial v}{\partial x} + C\frac{\partial^2 v}{\partial t \partial x} \tag{11}$$

式(3)と式(10)を式(11)に代入して整理すると，

$$\frac{\partial^2 i}{\partial x^2} = LC\frac{\partial^2 i}{\partial t^2} + (RC+GL)\frac{\partial i}{\partial t} + GRi \tag{12}$$

となり，式(9)，(12)を**電信方程式**といいます。　電信方程式を一般的に解くのは容易ではありませんが，いくつか制約を加えると解くことができるようになります。

電信方程式

電圧： $\dfrac{\partial^2 v}{\partial x^2} = LC\dfrac{\partial^2 v}{\partial t^2} + (RC+GL)\dfrac{\partial v}{\partial t} + GRv$

電流： $\dfrac{\partial^2 i}{\partial x^2} = LC\dfrac{\partial^2 i}{\partial t^2} + (RC+GL)\dfrac{\partial i}{\partial t} + GRi$

次節で説明しますが，電信方程式は波動解をもちます。電圧波や電流波が減衰はするものの正弦波で表せるとき，**無ひずみ**といい，そのときの回路を**無ひずみ分布定数回路**といいます。無ひずみになるための条件は，次のようになります。

無ひずみになる条件

$\dfrac{R}{L} = \dfrac{G}{C}$

また，線路の抵抗とコンダクタンスが十分小さく，無視できる場合，線路においてエネルギーの損失が存在しないため，**無損失分布定数回路**といいます。

> **無損失になる条件**
>
> $R=0, \; G=0$

28.3 無損失分布定数回路の波動方程式

　無損失分布定数回路では，入力信号はどのように伝わるのか考えてみましょう。電信方程式(9), (12)に $R=0$, $G=0$ を代入すると，次のようになります。

$$\frac{\partial^2 v}{\partial x^2} = LC \frac{\partial^2 v}{\partial t^2} \tag{13}$$

$$\frac{\partial^2 i}{\partial x^2} = LC \frac{\partial^2 i}{\partial t^2} \tag{14}$$

式(11), (12)は**波動方程式**と呼ばれます。波動方程式の解は，一般に次のようになります（導出は電磁気学の教科書などを参照）。

> **波動方程式の解**
>
> 位置 x と時刻 t の2変数関数 $\phi(x, t)$ の1次元波動方程式
>
> $$\frac{\partial^2 \phi}{\partial x^2} = \frac{1}{u^2} \frac{\partial^2 \phi}{\partial t^2}$$
>
> の一般解は，
>
> $$\phi(x, t) = f(\omega t - kx) + g(\omega t + kx)$$
>
> ただし，f, g は2階微分可能な任意関数であり，u は波動の**伝播速度**．$f(\omega t - kx)$ は**前進波**，$g(\omega t + kx)$ は**後進波**を表す．

　$v(x, t)$ と $i(x, t)$ は，波動方程式の解であり，$v(x, t)$ は**電圧波**，$i(x, t)$ は**電流波**を表しています。そして，その**伝播速度**を u とすると，波動方程式の解と見比べて，

$$u = \frac{1}{\sqrt{LC}}$$

となることが分かります。

> **演習問題 28.1**
>
> 無損失分布定数回路の電圧波を $v(x, t)$ とする。$v(x, t)$ が波動方程式
>
> $$\frac{\partial^2 v}{\partial x^2} = LC \frac{\partial^2 v}{\partial t^2}$$
>
> を満たすとき，
>
> $$v = e^{j(\omega t - kx)}$$
>
> が，波動方程式の解になるための条件を求めよ。また，その条件を満たすとき，伝播速度 u を求めよ。

解答&解説

$$\frac{\partial^2 v}{\partial x^2} = -k^2 A e^{j(\omega t - kx)}$$

$$\frac{\partial^2 v}{\partial t^2} = -\omega^2 A e^{j(\omega t - kx)}$$

よって，これらを波動方程式に代入すると，

$$-k^2 A e^{j(\omega t - kx)} = -LC\omega^2 A e^{j(\omega t - kx)}$$

となり，波動方程式の解になるための条件は，以下のようになります。

$$\frac{\omega^2}{k^2} = \frac{1}{LC} \quad \cdots\cdots \text{（答）}$$

波数 k と波長 λ との関係は $k = \frac{2\pi}{\lambda}$，角周波数 ω と振動数 f との関係は $f = \frac{\omega}{2\pi}$ なので，電圧波の伝播速度 u は，

$$u = \underbrace{f\lambda}_{\text{波の基本式}} = \frac{\omega}{k} = \frac{1}{\sqrt{LC}} \quad \cdots\cdots \text{（答）}$$

コメント

$$v = B e^{j(\omega t + kx)} \quad (B \text{ は定数})$$

も，同様にして波動方程式の解になることを確かめることができます。

演習問題 28.2

異なる関数 f, g が，ともに波動方程式
$$\frac{\partial^2 \phi}{\partial x^2} = \frac{1}{u^2}\frac{\partial^2 \phi}{\partial t^2}$$
を満たすとき，f と g を線形結合した関数
$$\alpha f + \beta g$$
もまた，波動方程式の解になることを示せ。

解答&解説 f と g が，波動方程式の解であることより，次の2式が成り立ちます。

$$\frac{\partial^2 f}{\partial x^2} = \frac{1}{u^2}\frac{\partial^2 f}{\partial t^2}, \quad \frac{\partial^2 g}{\partial x^2} = \frac{1}{u^2}\frac{\partial^2 g}{\partial t^2}$$

ここで，

$$\frac{\partial^2}{\partial x^2}(\alpha f + \beta g) = \alpha \frac{\partial^2 f}{\partial x^2} + \beta \frac{\partial^2 g}{\partial x^2}$$

$$= \alpha \frac{1}{u^2}\frac{\partial^2 f}{\partial t^2} + \beta \frac{1}{u^2}\frac{\partial^2 g}{\partial t^2}$$

$$= \frac{1}{u^2}\frac{\partial^2}{\partial t^2}(\alpha f + \beta g)$$

よって，$\alpha f + \beta g$ もまた，波動方程式の解となります。

コメント $v_1(x, t) = \sin(\omega t - kx)$ と $v_2(x, t) = \sin(\omega t + kx)$ がともに波動方程式の解になっているので，その和

$$v(x, t) = A\sin(\omega t - kx) + B\sin(\omega t + kx)$$

も，波動方程式の解になります。

講義 LECTURE 29 分布定数回路の定常解析

　分布定数回路に交流電源を接続し，充分時間がたった後の状態の回路を解析することを**定常解析**といいます。ここでは，いくつかの例について定常解析を行います。

29.1 正弦波交流の分布定数回路

　図 29.1 のように，損失のある一般的な分布定数回路に交流電源を接続する場合を考えてみましょう。
　伝送線路を伝わる電圧，電流の解を求めるために出発点になるのは，分布定数回路の基礎方程式です。

分布定数回路の基礎方程式

$$電圧分布：-\frac{\partial v}{\partial x} = Ri + L\frac{\partial i}{\partial t} \tag{1}$$

$$電流分布：-\frac{\partial i}{\partial x} = Gv + C\frac{\partial v}{\partial t} \tag{2}$$

　充分時間がたった後，電源から伝わる前進波と終端部で反射する後進波とが合成された結果，電圧や電流の解が次のように表されると仮定します。

図 29.1 ●交流電源を接続した分布定数回路

$$\begin{cases} v(x,t) = V(x)e^{j\omega t} & (3) \\ i(x,t) = I(x)e^{j\omega t} & (4) \end{cases}$$

式(3),(4)を,式(1)に代入すると,

$$-\frac{\partial V}{\partial x}e^{j\omega t} = RIe^{j\omega t} + j\omega LIe^{j\omega t}$$

となり,両辺を $e^{j\omega t}$ で割って整理すると,以下のようになります.

$$-\frac{\partial V}{\partial x} = (R + j\omega L)I \tag{5}$$

また,同様に,式(3),(4)を式(2)に代入して整理すると,以下のようになります.

$$-\frac{\partial I}{\partial x} = (G + j\omega C)V \tag{6}$$

ここで,単位長さあたりのインピーダンス Z と,単位長さあたりのアドミタンス Y を次のように定義します.

$$Z = R + j\omega L$$

$$Y = G + j\omega C$$

ここで, $V(x)$, $I(x)$ は x のみの関数なので

$$\frac{\partial V}{\partial x} = \frac{dV}{dx},\ \frac{\partial I}{\partial x} = \frac{dI}{dx}$$

とおくことができます.よって,式(5),(6)は,次のように書き直すことができます.

$$\begin{cases} -\dfrac{dV}{dx} = ZI & (7) \\ -\dfrac{dI}{dx} = YV & (8) \end{cases}$$

式(7)を x で微分すると,

$$-\frac{d^2V}{dx^2} = Z\frac{dI}{dx}$$

となり,これを式(8)に代入し, $\dfrac{dI}{dx}$ を消去して整理すると,以下のようになります.

$$\frac{d^2V}{dx^2} = ZYV \tag{9}$$

同様に，式(8)をxで微分し，式(7)に代入して$\frac{dV}{dx}$を消去して整理すると，以下のようになります．

$$\frac{d^2I}{dx^2} = ZYI \tag{10}$$

このようにして，VだけIだけをそれぞれ変数とする微分方程式に直すことができました．

では，式(9)，(10)の解を求めてみましょう．2階微分してもとの形が出てきますので，解は指数関数の形をしていると予想できます．そこで，式(9)の解を，とりあえず

$$V = e^{\lambda x}$$

と仮定し，式(9)を満たすためには，λがどのような条件を満たす必要があるか調べてみます．xで微分すると

$$\frac{dV}{dx} = \lambda e^{\lambda x}$$

もう一度，xで微分すると，

$$\frac{d^2V}{dx^2} = \lambda^2 e^{\lambda x} = \lambda^2 V$$

これを式(9)と見比べて，

$$\lambda^2 = ZY$$
$$\therefore \lambda = \pm\sqrt{ZY}$$

よって，

$$V = e^{\pm\sqrt{ZY}\,x}$$

が，式(9)の解になっていることが分かりました．よって，この2つの解を線形結合したものも式(9)の解になるので，一般解は，定数A, Bを用いて，

$$V = Ae^{-\sqrt{ZY}\,x} + Be^{\sqrt{ZY}\,x} \tag{11}$$

と表すことができます．また，同様にして，式(10)の解も，定数C, Dを用いて，

$$I = Ce^{-\sqrt{ZY}x} + De^{\sqrt{ZY}x} \tag{12}$$

と表すことができます。ここで，A，B，C，Dは，境界条件から決まる定数です。ところで，A，B，C，Dの間には，ある関係式が成り立ちます。式(11)をxで微分すると，

$$\frac{dV}{dx} = -\sqrt{ZY}\,Ae^{-\sqrt{ZY}x} + \sqrt{ZY}\,Be^{\sqrt{ZY}x}$$

となり，式(7)に代入すると，

$$-ZI = -\sqrt{ZY}\,Ae^{-\sqrt{ZY}x} + \sqrt{ZY}\,Be^{\sqrt{ZY}x}$$

$$\therefore I = \sqrt{\frac{Y}{Z}}\left(Ae^{-\sqrt{ZY}x} - Be^{\sqrt{ZY}x}\right) \tag{13}$$

となります。よって，式(12)，(13)を見比べて，以下の関係式が成り立ちます。

$$C = \sqrt{\frac{Y}{Z}}A, \quad D = -\sqrt{\frac{Y}{Z}}B$$

よって，境界条件からA，Bを定めれば，C，Dは上式から求まることが分かります。

最後に，式(11)と式(13)を式(3)と式(4)に代入すると，一般解を求めることができます。

■ 分布定数回路の定常解析の一般解

$$v(x,t) = \left(Ae^{-\sqrt{ZY}x} + Be^{\sqrt{ZY}x}\right)e^{j\omega t}$$

$$i(x,t) = \sqrt{\frac{Y}{Z}}\left(Ae^{-\sqrt{ZY}x} - Be^{\sqrt{ZY}x}\right)e^{j\omega t}$$

ここで，AとBは境界条件から定まる定数である。

29.2 電圧波と電流波

29.1節で求めた一般解は，前進波と後進波の合成波を仮定して求めたものでした。だとしたら，この一般解から逆に前進波と後進波を求めることも可能なはずです。

$\sqrt{ZY}$は複素数なので，

$$\gamma = \sqrt{ZY} = \sqrt{(R+j\omega L)(G+j\omega C)} = \alpha + j\beta \tag{14}$$

とおきます。γ は波の伝播状態に関係するので**伝播定数**と呼ばれます。

一般解を α と β で表すと,以下のようになります。

$$\begin{aligned} v(x,t) &= \left(Ae^{-(\alpha+j\beta)x} + Be^{(\alpha+j\beta)x}\right)e^{j\omega t} \\ &= Ae^{-\alpha x}e^{-j(\beta x - \omega t)} + Be^{\alpha x}e^{j(\beta x + \omega t)} \end{aligned} \tag{15}$$

$$\begin{aligned} i(x,t) &= \sqrt{\frac{Y}{Z}}\left(Ae^{-(\alpha+j\beta)x} - Be^{(\alpha+j\beta)x}\right)e^{j\omega t} \\ &= \sqrt{\frac{Y}{Z}}\left(Ae^{-\alpha x}e^{-j(\beta x - \omega t)} - Be^{\alpha x}e^{j(\beta x + \omega t)}\right) \end{aligned} \tag{16}$$

式(15),(16)の第1項は,前進波($+x$ 方向への進行波)を表しています。このとき,振幅は電源から遠ざかる(x が大きくなる)につれて指数関数的に減衰しています。また,式(15),(16)の第2項は,後進波($-x$ 方向への進行波),つまり,終端部での反射波を表しています。このとき,振幅は,終端部から遠ざかる(x が小さくなる)につれて指数関数的に減衰しています。

α は電圧波や電流波の振幅の減衰の度合いを表すので,**減衰定数**と呼ばれます。また,β は進行波の位相に関係するので,**位相定数**と呼ばれます。さて,α と β の値を具体的に求めてみましょう。

式(14)の両辺を2乗すると,

$$\underset{A}{\underline{RG - \omega^2 LC}} + j\omega\underset{B}{\underline{(LG+RC)}} = \alpha^2 - \beta^2 + j2\alpha\beta$$

記述を簡単にするために,左辺の実部を A,虚部を B とおくと,

$$\begin{cases} A = \alpha^2 - \beta^2 \\ B = 2\alpha\beta \end{cases}$$

となり,2式から β を消去すると,

$$4\alpha^4 - 4A\alpha^2 - B^2 = 0$$

$$\therefore \alpha^2 = \frac{A + \sqrt{A^2 + B^2}}{2} \quad (\alpha^2 > 0 \text{ より正の解を採用})$$

$$\therefore \alpha = \sqrt{\frac{A + \sqrt{A^2 + B^2}}{2}} \quad (\alpha > 0 \text{ より正の解を採用})$$

また,

$$\beta^2 = \alpha^2 - A = \frac{-A + \sqrt{A^2 + B^2}}{2}$$

$$\therefore \beta = \sqrt{\frac{-A + \sqrt{A^2 + B^2}}{2}} \quad (\beta > 0 \text{ より正の解を採用})$$

となります。よって伝播定数 γ は,

$$\gamma = \alpha + j\beta$$
$$= \sqrt{\frac{\sqrt{A^2 + B^2} + A}{2}} + j\sqrt{\frac{\sqrt{A^2 + B^2} - A}{2}}$$
$$= \sqrt{\frac{1}{2}\left\{\sqrt{(R^2 + \omega^2 L^2)(G^2 + \omega^2 C^2)} + (RG - \omega^2 LC)\right\}}$$
$$\quad + j\sqrt{\frac{1}{2}\left\{\sqrt{(R^2 + \omega^2 L^2)(G^2 + \omega^2 C^2)} - (RG - \omega^2 LC)\right\}}$$

無ひずみ条件: $\dfrac{R}{L} = \dfrac{G}{C}$ が成り立つ場合, 伝播定数は次のように簡単になります。

$$\gamma = \sqrt{\frac{1}{2}\left\{RG\sqrt{\left(1 + \omega^2 \frac{L^2}{R^2}\right)\left(1 + \omega^2 \frac{C^2}{G^2}\right)} + (RG - \omega^2 LC)\right\}}$$
$$\quad + j\sqrt{\frac{1}{2}\left\{RG\sqrt{\left(1 + \omega^2 \frac{L^2}{R^2}\right)\left(1 + \omega^2 \frac{C^2}{G^2}\right)} - (RG - \omega^2 LC)\right\}}$$
$$= \sqrt{\frac{1}{2}\left\{RG\left(1 + \omega^2 \frac{L^2}{R^2}\right) + (RG - \omega^2 LC)\right\}}$$
$$\quad + j\sqrt{\frac{1}{2}\left\{RG\left(1 + \omega^2 \frac{L^2}{R^2}\right) - (RG - \omega^2 LC)\right\}}$$

$$= \sqrt{RG} + j\omega\sqrt{LC}$$

また，無損失分布定数回路($R=0$，$G=0$)では，

$$\gamma = j\beta = j\omega\sqrt{LC}$$

となります。

29.3 無限長線路の場合

境界条件として，**図 29.2** のような片側が無限に長い分布定数回路を考えてみましょう。

このとき，電源からの入射電圧波や入射電流波は $x=\infty$ では減衰して 0 になるため，反射波が存在しないことになり，$B=0$ とします。よって，式(9)，(10)の一般解は以下のようになります。

$$V = Ae^{-\gamma x} \quad :式(11)でB=0, \sqrt{ZY} = \gamma \tag{17}$$

$$I = \sqrt{\frac{Y}{Z}} Ae^{-\gamma x} :式(13)でB=0, \sqrt{ZY} = \gamma \tag{18}$$

ここで，無限に長い分布定数回路の任意の点 x におけるインピーダンスを Z_0 とおくと，

$$Z_0 = \frac{V(x)}{I(x)} = \sqrt{\frac{Z}{Y}} = \sqrt{\frac{R+j\omega L}{G+j\omega C}}$$

となり，x によらない定数になります。この Z_0〔Ω〕を**特性インピーダンス**と呼びます。よって，式(18)は，

$$I = \frac{A}{Z_0} e^{-\gamma x}$$

と表すことができます。

無ひずみ分布定数回路では，無ひずみ条件：$\dfrac{R}{L} = \dfrac{G}{C}$ が成り立つので，

図 29.2 ● 長さが半無限の分布定数回路

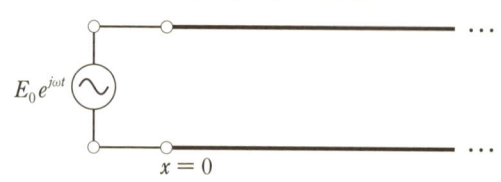

$$Z_0 = \sqrt{\frac{R(1+j\omega\frac{L}{R})}{G(1+j\omega\frac{C}{G})}} = \sqrt{\frac{R}{G}} = \sqrt{\frac{L}{C}}$$

また，無損失分布定数回路では，$R=0$，$G=0$ より，

$$Z_0 = \sqrt{\frac{L}{C}}$$

となります。

> ### 無限長線路の一般解
>
> $$V = Ae^{-\gamma x}$$
>
> $$I = \frac{A}{Z_0}e^{-\gamma x}$$
>
> A は初期条件から決まる定数である。伝播定数 γ と特性インピーダンス Z_0 の2つの量によって特徴づけられる。

$x=0$ の位置での入力信号の電圧を $E_0 e^{j\omega t}$ として，電圧波と電流波を具体的に求めてみましょう。式(14)，(17)より一般解は，

$$v(x, t) = V(x)e^{j\omega t} = Ae^{-(\alpha+j\beta)x}e^{j\omega t} = Ae^{-\alpha x + j(\omega t - \beta x)}$$

となります。ここで，$v(0, 0) = E_0$ を用いると，

$$A = E_0$$

となり，一般解は次のようになります。

$$v(x, t) = E_0 e^{-\alpha x} e^{j(\omega t - \beta x)}$$

よって，電圧波は，**図29.3**のように，x が大きくなるにつれて振幅が減衰定数 α で減衰しつつ，$+x$ 方向へ進行する波になっていることが分かります。

電流波は，

$$i(x, t) = \frac{v(x, t)}{Z_0} = \frac{E_0}{Z_0} e^{-\alpha x} e^{j(\omega t - \beta x)}$$

となり，電圧波を Z_0 で割ったものになります。

図 29.3 ● 電圧波の伝わり方

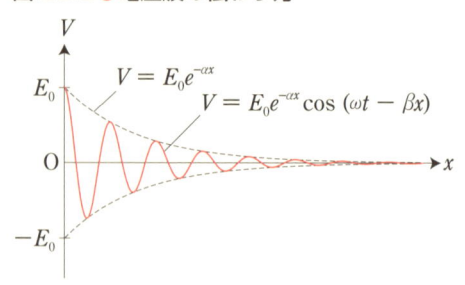

グラフ：$V = E_0 e^{-\alpha x}$、$V = E_0 e^{-\alpha x} \cos(\omega t - \beta x)$

29.4 境界点における反射と透過

図 29.4 のように，特性インピーダンスの異なる伝送線路が $x = x_1$ で接続されている場合を考えてみましょう。$x < x_1$ の伝送線路の特性インピーダンスを Z_1，$x > x_1$ の伝送線路の特性インピーダンスを Z_2 とします。入射波が図 29.4 の左側から境界点 $x = x_1$ に入射すると，その一部は透過し，一部は反射します。

電圧波と電流波の**入射波**，**反射波**，**透過波**を次のようにおきます。

$$\begin{cases} 入射波：v_i, i_i \\ 反射波：v_r, i_r \\ 透過波：v_t, i_t \end{cases}$$

このとき，境界点で電圧と電流は連続なので，

$$v_i(x_1, t) = v_r(x_1, t) + v_t(x_1, t) \tag{18}$$

$$i_i(x_1, t) = i_r(x_1, t) + i_t(x_1, t) \tag{19}$$

図 29.4 ● 境界点での反射と透過

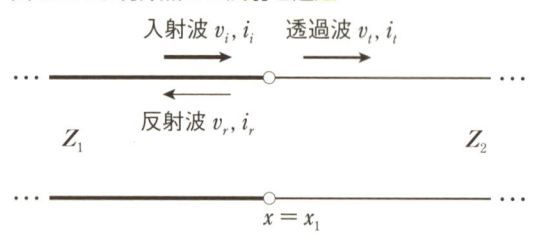

入射波 v_i, i_i　透過波 v_t, i_t
反射波 v_r, i_r
Z_1　Z_2
$x = x_1$

が成り立ちます．また，特性インピーダンスの定義より，以下のようになります．

$$\begin{cases} Z_1 = \dfrac{v_i}{i_i} = \dfrac{v_r}{-i_r} \\ Z_2 = \dfrac{v_t}{i_t} \end{cases} \tag{20}$$

次に，**反射係数**と**透過係数**を次のように定義します．

$$\text{反射係数}: K_r = \frac{\text{反射波}}{\text{入射波}}$$

$$\text{透過係数}: K_t = \frac{\text{透過波}}{\text{入射波}}$$

電圧反射係数を $K_{r,\,v}$ とおき，式(18)，(19)，(20)を用いると，

$$K_{r,\,v} = \frac{v_r(x_1, t)}{v_i(x_1, t)} = \frac{Z_2 - Z_1}{Z_1 + Z_2} \tag{21}$$

また，**電圧透過係数**を $K_{t,\,v}$ とおき，式(18)，(19)，(20)を用いると，

$$K_{t,\,v} = \frac{v_t(x_1, t)}{v_i(x_1, t)} = \frac{2Z_2}{Z_1 + Z_2} \tag{22}$$

電流反射係数を $K_{r,\,i}$，**電流透過係数**を $K_{t,\,i}$ とおくと，同様にして，

$$K_{r,\,i} = \frac{i_r(x_1, t)}{i_i(x_1, t)} = -\frac{Z_2 - Z_1}{Z_1 + Z_2}$$

$$K_{t,\,i} = \frac{i_t(x_1, t)}{i_i(x_1, t)} = \frac{2Z_1}{Z_1 + Z_2}$$

となります．

29.5 有限長線路の場合

図29.5のように有限の長さ l の伝送線路の終端部に特性インピーダンス Z の負荷を接続する場合を考えてみましょう．終端部に接続された負荷を**終端抵抗**といいます．いま，伝送線路の特性インピーダンスは Z_0 とします．

このとき，入射電圧波は，境界点 $x = l$ において，一部が透過し，一部が反射します．例えば，終端部を開放すると，$x > l$ における特性インピーダンスが無限大になるので，電圧反射係数は，

図 29.5●終端抵抗を接続した場合

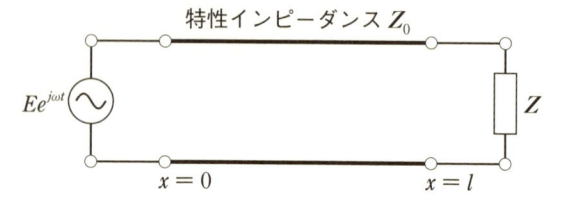

$$K_{r,\,v} = \lim_{Z \to \infty} \frac{Z - Z_0}{Z_0 + Z} = \lim_{Z \to \infty} \frac{1 - Z_0/Z}{Z_0/Z + 1} = 1$$

となり，入射波と同じ大きさの反射波が生じ，反射における位相の変化はないことになります。

また，終端部を短絡すると，$x > l$ における特性インピーダンスが0になるので，電圧反射係数は，

$$K_{r,\,v} = \lim_{Z \to 0} \frac{Z - Z_0}{Z_0 + Z} = -1$$

となり，入射波と同じ大きさの反射波が生じ，反射において位相が反転することになります。

それに対して，インピーダンス Z_0 の負荷を接続すると，$x > l$ に特性インピーダンス Z_0 の無限長線路を接続したのと同じであると見なせるようになり，電圧反射係数は，

$$K_{r,\,v} = 0$$

となります。電力伝送システムでは，電源から送られたエネルギーを負荷へ伝送することを目的にしていますから，反射による損失が小さいほうがよいわけです。また，通信線でも，パルスの反射が起こらないという利点があります。ですから，反射波が現れないように，伝送線路の特性インピーダンスと終端抵抗のインピーダンスを一致させます。これを**整合（インピーダンスマッチング）**といいます。整合のとれた伝送線路では，反射波がなくなり，無限長線路と同等に見なせるようになります。これを**無反射終端**といいます。

> **演習問題 29.1** 分布定数回路において，$R=50\pi$ 〔μΩ/m〕，$G=50\pi$ 〔μS/m〕，$L=1$ 〔μH/m〕，$C=1$ 〔μF/m〕，$\omega=100\pi$ 〔rad/s〕のとき，伝播定数はいくらか。

解答&解説

$$\gamma = \sqrt{ZY} = \sqrt{(R+j\omega L)(G+j\omega C)}$$

$R=G$，$L=C$ より，

$$\gamma = R+j\omega L = (50\pi + j100\pi)\times 10^{-6}\,〔1/\mathrm{m}〕 \quad \cdots\cdots\text{（答）}$$

（〔Ω/m〕〔S/m〕）^½

> **演習問題 29.2** 図のように，特性インピーダンス Z_0 と等しい終端抵抗 Z_0〔Ω〕を終端部に接続した伝送線路に起電力 E〔V〕の直流電源を接続したとき，抵抗 R〔Ω〕を流れる電流 I〔A〕を求めよ。

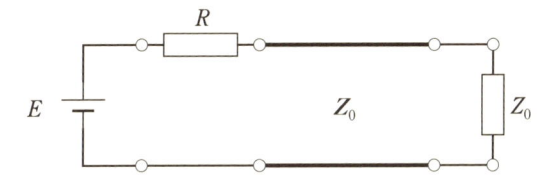

解答&解説 整合のとれた伝送線路では終端部での反射波が存在しないので無限の長さの伝送線路と一致し，伝送線路の入力インピーダンスが Z_0 になります。よって，求める電流は，

$$I = \frac{E}{R+Z_0}\,〔\mathrm{A}〕 \quad \cdots\cdots\text{（答）}$$

索引 INDEX

あ行

RLC 回路　227
RL 回路　219
RC 回路　217
アドミタンス　99
アドミタンス行列　188
アンペア〔A〕　11
位相　59
位相定数　246
1 次回路　128
インピーダンス　71, 96
インピーダンス行列　186
インピーダンスマッチング　252
ウェーバー〔Wb〕　125
H 行列　193
F 行列　199
LC 回路　225
オイラーの公式　83
オームの法則　15
オメガ〔Ω〕　15

か行

開放　27
回路方程式　35
角周波数　59
角周波数特性　71, 117, 120
過減衰　228
重ね合わせの理　50
過渡現象　219
環状電流　147
木　178
基準点　166
基本ループ行列　179
既約接続行列　166
Q 値　104
共振　107
極形式　79
虚数　78
虚部　78
キルヒホッフの第 1 則　32, 166
キルヒホッフの第 2 則　34, 167, 179
グラフ　164
K 行列　202
減衰振動　228
減衰定数　246
コイル　19
後進波　239
交流電圧　58
交流電流　58
交流電力　136
交流特性　64
コンダクタンス　25
コンデンサ　16

さ行

サセプタンス　100
3 相交流　143
3 相負荷インピーダンス　150
G 行列　197
ジーメンス〔S〕　25, 99
磁気エネルギー　20
自己インダクタンス　19, 126
実部　78
時定数　219
縦続行列　199
縦続接続　212
終端抵抗　251
集中定数回路　234
周波数　59
ジュール〔J〕　12

ジュール熱　16
瞬時値　59
瞬時電力　159
消費電力　16
初期位相　59
振幅　59
正弦波交流　58, 86, 92
整合　252
静電エネルギー　18
静電容量　17
接続行列　165
Z 行列　186
線間電圧　146
線形回路　48
前進波　239
線電流　147
相互インダクタンス　126
相互誘導回路　128
双対性　112
相電圧　146
相反定理　173

た行

T 形回路　130
対称 3 相交流　143
対称性　189
多相交流　143
単振動　226
単相交流　143
短絡　27
直並列接続　210
直流回路　22
直流電圧源　27
直流電流源　28
直列共振回路　105
直列交流回路　73, 117
直列接続　22, 208
抵抗　15
定常解析　242
テレヘンの定理　173
電圧源ベクトル　180
電圧降下　15

電圧透過係数　251
電圧の実効値　62
電圧波　239, 245
電圧反射係数　251
電圧分布　237
電荷　10
電気抵抗　15
電源の定電圧等価回路　27
電源の定電流等価回路　28
電信方程式　238
電池　11
伝播速度　239
伝播定数　246
電流　10
電流源ベクトル　170
電流透過係数　251
電流の実効値　61
電流波　239, 245
電流反射係数　251
電流分布　237
電力　12
電力保存則　173
電力量　12
Δ-Y変換　41
Δ接続　146
透過係数　251
透過波　250
特性インピーダンス　248

な行

中性線　152
2次回路　128
2端子対回路　185
入射波　250
ノード　32
ノードアドミタンス行列　170
ノード解析　169
ノード電圧法　37

ノード方程式　170
ノートンの定理　54

は行

バール〔var〕　137
Π形回路　130
ハイブリッド行列　193
波動方程式　239
反射係数　251
反射波　250
半値幅　107
ひずみ波交流　58
皮相電力　138
ファラド〔F〕　17
フェーザ　79
フェーザ軌跡　115
フェーザ図　92
フェーザ表示　79, 92
複素インピーダンス　96
複素共役　82
複素数　78
複素数表示　86
複素電力　137
複素平面　78
ブランチ　32
ブランチアドミタンス行列　170
ブランチインピーダンス行列　182
ブランチ電圧ベクトル　180
ブランチ電流法　35
ブリッジ回路　39
分布定数回路　234
平均電力　135, 160
平衡条件　40
平衡負荷　151
並直列接続　211
並列共振　111
並列共振回路　109
並列交流回路　72, 120
並列接続　23, 209

ヘルツ〔Hz〕　59
偏角　78
ヘンリー〔H〕　19
鳳・テブナンの定理　52
補木　178
ボルトアンペア〔VA〕　137

ま行

ミルマンの定理　43
無限長線路　248
無効電力　137
無損失分布定数回路　238
無反射終端　252
無ひずみ分布定数回路　238

や行

有限長線路　251
有向グラフ　165
有効電力　137, 160
誘導起電力　125
誘導リアクタンス　69
容量リアクタンス　67

ら行

リアクタンス　67, 97
リアクタンス率　137
力率　135
力率改善　142
ループ　32
ループインピーダンス行列　182
ループ解析　180
ループ電流法　36
ループ方程式　182

わ行

Y行列　188
Y接続　146
ワット〔W〕　12
ワット時〔Wh〕　12

著者紹介

田原真人(たはらまさと)

1997年 早稲田大学大学院理工学研究科博士課程中退
現　在 ティール型リモート組織「与贈工房」を運営。
　　　「自己組織化する学校」,「反転授業の研究」主宰

NDC 541　255 p　21 cm

単位(たんい)が取(と)れるシリーズ
単位(たんい)が取(と)れる電気回路(でんきかいろ)ノート

2012年4月20日　第1刷発行
2018年7月18日　第3刷発行

著　者	田原真人(たはらまさと)
発行者	渡瀬昌彦
発行所	株式会社　講談社
	〒112-8001　東京都文京区音羽2-12-21
	販売　(03)5395-4415
	業務　(03)5395-3615
編　集	株式会社　講談社サイエンティフィク
	代表　矢吹俊吉
	〒162-0825　東京都新宿区神楽坂2-14　ノービィビル
	編集　(03)3235-3701
印刷所	豊国印刷株式会社
製本所	株式会社国宝社

落丁本・乱丁本は，購入書店名を明記のうえ，講談社業務宛にお送りください。送料小社負担にてお取り替えします。
なお，この本の内容についてのお問い合わせは講談社サイエンティフィク宛にお願いいたします。
定価はカバーに表示してあります。

Ⓒ Masato Tahara, 2012

本書のコピー，スキャン，デジタル化等の無断複製は著作権法上での例外を除き禁じられています。本書を代行業者等の第三者に依頼してスキャンやデジタル化することはたとえ個人や家庭内の利用でも著作権法違反です。

JCOPY　〈(社)出版者著作権管理機構　委託出版物〉
複写される場合は，その都度事前に(社)出版者著作権管理機構（電話03-3513-6969，FAX 03-3513-6979，e-mail : info@jcopy.or.jp）の許諾を得てください。

Printed in Japan
ISBN 978-4-06-154484-0